▶ 新疆野苹果 *Malus sieversii* 花枝，1996

◣ 新疆伊犁巩留县库尔德宁野果林，1999

◣ 新疆天山野果林，拍摄于伊犁新源县，1997

▲ 伊犁霍城县大西沟野果林，1996

▲ 霍城县小西沟野核桃分布地，1997

▲ 伊犁新源县野果林，1996

▲ 巩留县莫合尔野果林，1998

▶ 巩留县野核桃沟，1996

▶ 霍城县小西沟野果林，1997

◢ 塔城地区托里县野果林，1998

▶ 野生樱桃李花枝

▶ 野生樱桃李 *Prunus cerasifera* 果枝

▼ 集中采收野生樱桃李果实

▼ 三种野生樱桃李类型

▲ 倒伏的新疆野核桃古树（树龄约300年），巩留县，1996　　　▲ 新疆野核桃（野胡桃）林

▲ 野核桃自然嫁接现象（巩留1996）

▲ 新疆野核桃 *Juglans regia*

◀ 新疆野苹果单株

◀ 新源分布区野苹果果枝

◀ 小西沟分布区野苹果果枝

◀ 大西沟分布区野苹果果枝

▲ 红肉苹果单株　　　　　　　　　　　　　　　▲ 红肉苹果 *Malus niedzwetzkyana* 花枝

▽ 疏花蔷薇 *Rosa laxa* 果实
▽ 疏花蔷薇 *Rosa laxa*
▽ 多刺蔷薇 *Rosa spinosissima*

▲ 天山花楸 *Sorbus tianschanica*
▲ 准噶尔山楂 *Crataegus songorica*，1996

🔺 枸杞 *Lycium* sp. 果枝   🔺 枸杞 *Lycium* sp. 花枝

🔻 野扁桃 *Amygdalus ledebouriana*，托里县，1998   🔻 欧洲稠李 *Padus racemosa* 单株

🔺 欧洲稠李 *Padus racemosa* 花

🔺 野生欧洲李 *Prunus domestica* 花枝

🔺 野生欧洲李 *Prunus domestica* 果枝

▲ 树莓 *Rubus indaeus* 株丛

▲ 树莓 *Rubus indaus* 花

▲ 绿草莓 *Fragaria viridis*

▲ 黑果茶藨 *Ribes nigrum*

▲ 黑果茶藨 *Ribes nigrum*

▽ 野杏盛花期

▲ 半日花 *Helianthemum songaricum*

▶ 天山雪莲 *Herba saussureae*

▼ 半日花 *Helianthemum songaricum* 花

▼ 假报春 *Cortusa brotheri*

▲ 林地乌头 *Aconitum nemorum*

▲ 药用植物阿魏 *Ferula sinkiangensis* 托里县，1998

▲ 高山羊角芹 *Aegopodium alpestre*

▲ 伊贝母 *Fritillaria pallidiflora*

▲ 伊犁郁金香 *Tulipa iliensis*

▲ 新疆野苹果树王，2000　　　　　　　　　▲ 新疆野苹果树王基部直径2.38m

▲ 新源资源圃发起人：林培钧、大石惇、阎国荣，1999

▲ 本书作者阎国荣、许正，1999

▲ 资源圃，新源县交托海野果林，1996

▲ 新疆野苹果树王分布于新源县山区，树龄600余年，2000　　　　▲ 伊犁新源野生果树与农用植物资源圃，1999

▲ 新疆野苹果DY-4

▲ 新疆野苹果DY-7

▲ 新疆野苹果DY-11

▲ 新疆野苹果DY-13

▲ 新疆野苹果DY-18

▲ 新疆野苹果DY-3

▲ 新疆野苹果DY-9

▲ 新疆野苹果——白果型 XY-1

▲ 新疆野苹果GY-1

▲ 新疆野苹果EY-4

▲ 新疆野苹果EY-6

▲ 新疆野苹果TY-6

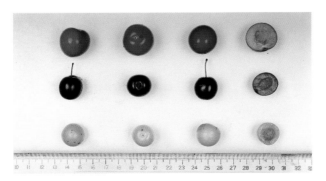

▲ 三种野生樱桃李比较

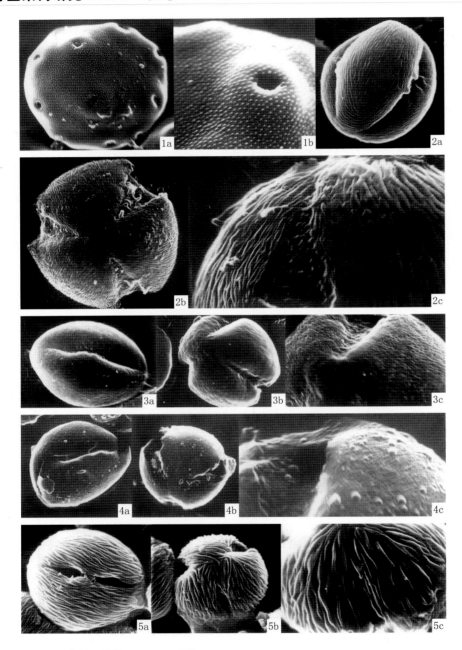

1. 新疆野核桃 a.整体观×2000 b.局部×5000
2. 野扁桃 a.赤道面观×3000 b.极面观×3000 c.局部×4000
3. 天山樱桃 a.赤道面观×3000 b.极面观×3000 c.局部×4000
4. 红果山楂 a.赤道面观×2500 b.极面观×2500 c.局部×4000
5. 欧洲稠李 a.赤道面观×3000 b.极面观×3000 c.局部×5000

▲ 新疆部分野生果树花粉形态特征比较

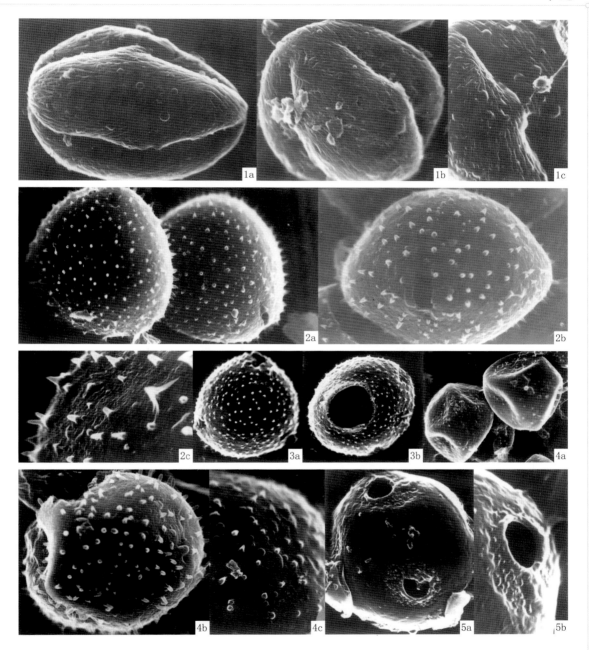

1. 天山花楸 a.赤道面观×4000 b.极面观×4000 c.局部×5000
2. 小花忍冬 a.整体观×1500 b.整体观×3000 c.局部×4000
3. 小叶忍冬 a.整体观×1500 b.整体观×1500
4. 刚毛忍冬 a.整体观×800 b.整体观×1500 c.局部×2500
5. 刺醋李 a.×4000 b.局部×4000（示萌发孔）

▲ 新疆部分野生果树花粉形态特征比较

🔺 吉尔吉斯斯坦野果林，1999　　　　　　　　🔺 哈萨克斯坦阿拉木图山区野果林，1999

🔺 新疆山地野果林在逐渐退缩，1996

🔺 人在进，林在退，巩留县莫合尔，2000

🔺 野果林面积在缩小，新源，1996

🔻 野果林区过度放牧现象严重，新疆，1997

国家自然科学基金（C39770085）资助项目
中国科学院生物分类区系学科发展特别支持费资助项目
The Project Supported by National Natural Science Foundation of China（C39770085）and a grant
for Systematic and Evolutionary Biology，CAS

中国新疆野生果树研究
Study on the Wild Fruit Trees in Xinjiang, China

阎国荣　　许正　　著
Yan Guo-rong　　Xu Zheng

中国林业出版社
China Forestry Publishing House

图书在版编目（CIP）数据

中国新疆野生果树研究／阎国荣，许正著．—北京：中国林业出版社，2010.4

ISBN 978－7－5038－5813－0

Ⅰ．①中…　Ⅱ．①阎…②许…　Ⅲ．①野生果树–研究–新疆　Ⅳ．①S660.192.45

中国版本图书馆 CIP 数据核字（2010）第 046745 号

出　　版：中国林业出版社（100009　北京西城区德内大街刘海胡同 7 号）

网　　址：www.cfph.com.cn

E－mail：cfphz@ public. bta. net. cn　　电话：（010）83225764

发　　行：新华书店北京发行所

印　　刷：中国农业出版社印刷厂

版　　次：2010 年 4 月第 1 版

印　　次：2010 年 4 月第 1 次

开　　本：787mm×1092mm　1/16

印　　张：8.75

彩　　插：16P

印　　数：2000 册

字　　数：220 千字

定　　价：32.00 元

序

新疆地处欧亚大陆腹地，地域辽阔，四周有高山和高原环绕，中部有天山横贯，形成了独特而丰富多样的自然环境和种类繁多的野生果树资源。

新疆野生果树起源古老，引入栽培的历史悠久，栽培果树的种质资源也相当丰富，至今在新疆伊犁和塔城两地区，仍然分布着我国面积最大的原始落叶阔叶野果林，其中如新疆野苹果、野杏、欧洲李、樱桃李、新疆野核桃等，均是栽培种的直接祖先，是我国西部重要的生物资源基因库，在我国生物多样性中占有特殊的地位。

面对新疆丰富多彩的野生果树资源，作者对新疆野生果树生物多样性的发生和发展的生态基础、复杂多样的生态条件，野生果树种类、资源特点及其分布，新疆野生果树的分布与气候、地理环境间的关系，重要野生果树的种群结构，自然与人为因素影响下的生态环境和生物多样性等方面进行了调查和深入的研究，并且首次在新疆野生果树植物物种多样性、生态系统多样性和遗传多样性3个层次上对新疆野生果树进行了比较系统的研究工作，同时在新疆珍稀濒危野生果树种质资源的自然分布和可持续利用、新疆野生果树植物的特点、濒危的原因及保护等方面也进行了调查与研究，积累了大量的研究资料。研究人员勤奋工作、潜心研究，获得了丰硕的研究成果，据此，撰写成《中国新疆野生果树研究》一书。本书内容丰富、资料翔实、图文并茂，是一部水平较高的科学研究专著。

正值我国实施西部大开发战略之际，《中国新疆野生果树研究》的出版，将会为新疆野生果树资源的开发利用和保护提供重要的科学依据，为进一步研究新疆野生果树生物多样性奠定了良好的基础。我希望它尽快与读者见面，受到广泛的重视，发挥它应有的作用。

崔乃然

2009 年 7 月 20 日

前 言

新疆维吾尔自治区位于我国的西北边陲，面积为 166 万 km^2，约占全国总面积的 1/6。它的北面与西面分别与蒙古、俄罗斯、哈萨克斯坦、吉尔吉斯斯坦毗邻，西南部和南部与塔吉克斯坦、阿富汗、巴基斯坦、印度等国接壤，其东部和南部分别与我国甘肃省、青海省和西藏自治区相连，是我国面积最大、国境线最长、交界邻国最多的省区。

新疆境内土地资源和光热资源丰富，拥有巨大隆升的山地和广阔的平原与谷地，与土壤和气候条件相适应，表现出多种多样和极富特色的植物区系组成及植被。复杂多样的生态条件，不仅适合众多生物种类的生存和繁衍，也为新疆野生果树生物多样性的发生和发展提供了广阔的生态基础。

新疆的野生果树，特别是落叶阔叶果树种类丰富而特殊。例如新疆野苹果（也称塞威氏苹果）*Malus sieversii*、野杏 *Armeniaca vulgaris*、野扁桃 *Amygdalus ledebouriana*、天山樱桃 *Cerasus tianschanica*、准噶尔山楂 *Crataegus songarica*、新疆野核桃 *Juglans regia*、野生樱桃李 *Prunus cerasifera*、野生欧洲李 *Prunus domestica* 等重要野生果树在我国仅分布于新疆等地。其中，新疆野苹果、新疆野核桃、野扁桃、天山樱桃、准噶尔山楂等已被列为中国优先保护物种名录，是我国具有生物多样性国际意义的优先保护物种和中国濒危重点保护植物。关于新疆的野生果树种类，前人也做过部分工作，林培钧等（1984）调查表明新疆有乔、灌木和草本果树的野生近缘植物 16 属 42 种；崔乃然等（1991）认为新疆野生果树及近缘植物有 13 科 28 属 43 种。迄今，关于新疆的野生果树种类、分布及其与气候、地理环境间的关系，还未见有较系统全面的研究。开展上述方面的研究，将为我国果树种质资源采集、保存和保护，为珍稀野生果树的引种驯化和栽培育种提供理论依据。

新疆境内不仅野生果树种类较丰富，特殊种类多，而且分布广，面积大。在伊犁天山山地，由第三纪残遗植物新疆野苹果、野杏、新疆野核桃、野生樱桃李、野生欧洲李等组成的温带落叶阔叶野果林森林生态系统，已被列为中国优先保护生态系统名录。在伊犁地区的落叶阔叶野果林分布面积有 9300hm^2；

塔城地区有野扁桃 $1300hm^2$，野苹果林 $980hm^2$。林内包括许多国家级珍稀濒危保护动、植物种类，在野果林地域还分布有许多珍贵的野生花卉、香料、中草药以及工业原料等价值较高的生物资源。新疆山地野果林作为山地植被垂直带结构的一个重要组成部分，更具有景观、资源、水土保持、保护绿洲和牧场的重要意义。在近年来伊犁地区蓬勃兴起的生态旅游热中，野生果树及其独特的新疆落叶阔叶野果林则是这些兴旺发达事业的重要支撑和宝贵的生态资源。本项研究对当地经济的发展是有力的支持，对开展干旱地区野生果树林数量分布、分布与气候地理环境关系调查，研究野生果树林群落结构，自然与人为因素影响下主要的野生果树种群结构特点，具有重要的理论与现实意义。同时，新疆野果林的研究对中亚地区野果林的形成、系统演化及其相互关系的研究，也具有重要的科学意义。

新疆地域辽阔，生境复杂，气候多样，野生果树在这种环境条件下形成了丰富的种下变异。例如，1959 年的研究结果表明，新疆野苹果就有 43 个类型，野杏有 5 个类型；崔乃然等（1991）研究表明，新疆野苹果有 84 个类型、新疆野杏有 46 个类型、野生樱桃李 21 个类型、新疆野核桃 14 个类型。本书以新疆境内的重要野生果树——野苹果为对象，首次以居群为单位，比较系统地研究了不同性状的变异式样，分析其变异的内在机制，进一步揭示新疆野苹果的遗传多样性特点，为更好地挖掘和利用这一珍稀果树资源提供理论依据。

伊犁、塔城两地区地处天山中段和准噶尔西部山地，受独特的地形条件影响，受惠于来自西方暖湿气流的滋润，其气候特点与新疆其他区域有着显著不同，是一个非常特殊的地区，也是新疆生态价值最高、自然生态环境最优越、生物资源最丰富、社会经济较发达地区。伊犁地区也是我国生物多样性关键地区。因此，在伊犁与塔城两地区开展本项目研究，能够更有效地揭示新疆野生果树资源的多样性特点。

《中国新疆野生果树研究》一书是国家自然科学基金"塞威氏苹果遗传多样性研究"（C39770085）和中国科学院生物分类区系学科发展特别支持项目"新疆野苹果居群分类与进化生物学研究"等课题的部分内容。

本书着重介绍了新疆野生果树生物多样性的发生和发展的生态基础、复杂多样的生态条件，野生果树种类、分布及其与气候、地理环境间的关系，重要的野生果树种群结构，自然与人为因素影响下的生态环境和生物资源变化等特点。首次在物种、生态系统和遗传水平 3 个层次上，比较系统地进行了新疆野生果树生物多样性研究。新疆野生果树不但物种丰富，而且种类独特，其分布与新疆的地理气候等生态环境因子密切相关，呈现出北疆多于南疆，西部多于东部，山地多于平原的分布格局。新疆野生果树起源古老，栽培果树种质资源丰富，伊犁和塔城两地区分布有我国面积最大的落叶阔叶野果林，具有野生生物资源丰富、代表性强等特色，是我国西部重要的生物资源基因库，在我国生物多样性中占有特殊的地位。面对新疆如此丰富多彩的野生果树，要阐明其形成、发展、系统演化等基本规律和机理是一项长期而又艰巨的任务。本书介绍的研究内容只是其中一部分，仍有大量的第一手资料和基本数据正在整理之中。根据新疆野生果树资源的特点，在前人的工作基础上，以新疆野生果树为对象，在生物多样性的 3 个层次上，采用宏观与微观相结合，调查与分析相结合的技术路线，在对全疆的野生果树生物多样性进行研究的同时，重点对我国生物多样性关键地区——伊犁地区分布的新疆野苹果、野杏、新疆野核桃、野生樱桃李等珍稀濒危果树进行研究，旨在为新疆野生果树种质资源的合理保护、永续利用提供科学依据。本项目的研究，也为开展与日本的"农用植物资源的研究与保护"以及与哈萨克斯坦的"天山野生果树植物资源的研究与保护"的两个国际合作项目提供了基础。

在国家实施西部大开发战略之际，本项研究不仅促进新疆珍稀植物类群的深入研究，同时对干旱区生态环境的保护以及农牧业经济的发展是一项有力的支持，其研究成果对保护资源、新疆农牧业可持续利用将产生重要作用。

自 1992 年开始，在与伊犁地区园艺研究所进行 10 年的合作研究工作中，林培钧研究员给予了大力帮助和支持，以及中国科学院新疆生态与地理研究所张立运教授、沈冠冕教授和新疆师范大学崔乃然教授，在植物群落学、分类学等方面给予了悉心教诲和指导，使我收获很大。日本国立静冈大学大石惇教授多年给予了支持和帮助。中国科学院新疆生态与地理研究所张元明、张迎华、张道远等参与了部分研究工作；在研究调查中，新疆伊犁地区园艺研究所李宁平、安留保、罗中尧和施小卫等提供了多方面的支持和帮助；新疆塔城地区林业处梁孟凯、塔城市园林局郭向敏，给予了大力支持和帮助，在此谨致以衷心的感谢。

本书反映了作者 1996～2000 年期间对新疆野生果树资源研究的主要成果和内容。第 5 章、第 7 章由许正完成，其余章节及统稿由阎国荣完成。

由于作者水平有限，难免有不当和疏漏之处，敬请读者批评指正。

阎国荣

于天津农学院

2009 年 11 月

摘 要

新疆野生果树种类独特，起源古老，栽培果树种质资源丰富，在我国生物多样性中占有特殊的地位。本书是国家自然科学基金项目（C39770085）和中国科学院生物分类区系学科发展特别支持费等资助项目的主要研究成果。是以中国生物多样性关键地区——伊犁、塔城地区为重点区域，进行了野外考察、标本和样品采集，并进行了实验测试分析。在物种、生态系统和遗传水平 3 个层次上，比较系统地对新疆野生资源进行多样性研究，得出了以下主要结果：

1. 在前人工作基础上，较系统全面地研究报道了新疆境内的野生果树种类，计有 104 种，含 1 变种和 1 亚种（不包括半野生果树、野生果树近缘种）。其中，蔷薇科野生果树为主要类群，有 13 属 50 种，占新疆野生果树总属数的 48.1%，总种数的 48%；蔷薇科、忍冬科、虎耳草科以及小檗科 4 个大科含 17 属 80 种，占新疆野生果树总科数的 36.3%，总属数的 62.9%，总种数的 76.9%，显示出该 4 个科的野生果树在新疆野生果树区系组成中的重要地位。

2. 新疆野生果树不但物种丰富，而且种类独特，其分布与新疆的地理气候等生态环境因子密切相关，呈现出北疆多于南疆，西部多于东部，山地多于平原的分布格局。其中，北疆的野生果树种类多达 91 种，占新疆野生果树总种数的 87.5%，而南疆仅有 27 种，占 25.9%。受降水条件的影响，新疆山地与平原野生果树物种多样性的差异十分明显，在新疆的三大山系中，天山山区的野生果树种类最为丰富，高达 80 种，占新疆野生果树总种数的 76.9%，而昆仑山—阿尔金山和帕米尔高原野生果树只有 8 种和 7 种。塔里木和准噶尔两大盆地中仅有野生果树 18 种，而天山山区的多达 80 种。这进一步证明，高海拔的山地是干旱区中的"湿岛"，有利于多数中生性野生果树的分布和生长。几大山系中，以天山山区的野生果树种类最为丰富。

3. 新疆野生果树林类型相对单调和贫乏，这主要与该区的地理与生态气候因子有关。据初步研究结果，新疆野生果树林可划分为：寒性落叶针叶林、典型落叶阔叶林、落叶阔叶灌丛、荒漠落叶阔叶灌丛和荒漠落叶阔叶小灌丛、半灌丛 5 种植被亚型。对主要的野生果树林的种群结构分析表明，不同强度的人为干扰明显地影响着种群的年龄结构，使种群更新困难。

4. 对以不同性状为指标的新疆野苹果地理和生境居群特征测定和聚类分析表明，叶片性状受到生态环境的影响；而花粉、果实以及过氧化物酶分析显示出新疆野苹果丰富的种下变异，这种变异与居群所在的环境条件并没有明显的对应性，具有丰富的遗传基础。

5. 昆虫及菌类是野果林生态系统的重要组成部分。对伊犁地区新源县交托海野果林区的昆虫进行了调查和标本采集，初步鉴定出昆虫 11 目 62 科 178 种。调查还表明，新疆野生果树已有病害 30 种，为害严重的病虫害 8 种。

6. 由于新疆野生果树生态系统受到人类经济活动的强烈影响，野果林分布范围缩减、面积下降，物种减少，有的濒临灭绝状态，必须引起重视。通过本项研究，提出了新疆野生果树资源保护和可持续利用的建议及对策：（1）加强新疆野生果树种质资源的收集和保存；（2）应及早建立新疆新源野苹果林自然保护区和霍城大西沟野生樱桃李自然保护区；（3）保育和开发利用并重，实现资源的永续利用；做到因地制宜、重点突破、综合开发；（4）自然资源的获取应严格纳入到政府的管理范围之中。

Summary

Xinjiang, as one of the original areas of fruit trees in the world with plenty of endemic wild fruit trees and rich germplasm of cultivated fruit trees, plays an important role in the study and conservation of biodiversity in China. With the support of National Natural Science Foundation of China (C39770085) and a grant for Systematic and Evolutionary Biology, CAS, the present project on the wild fruit trees in Xinjiang was mainly carried out in Yili and Tacheng, two key areas of Chinese biodiversity. Based on field sampling and investigation and experimental analysis of the samples, the diversity of species, ecosystem and heredity of the wild fruit trees in Xinjiang were systematically investigated and analyzed. The main results could be summarized as follows:

1. Based on previous literature and field surveys, 104 species (including variety and subspecies, excluding semi-wild fruit trees and the close related species of wild fruit trees) were recognized in Xinjiang. Among them, 13 genera and 50 species belong to Rosaceae, accounting for 48.1% of the total genera and 48% of the total species of the wild fruit trees in Xinjiang. Four main families including Rosaceae, Caprifoliaceae, Saxifragaceae and Berberidaceae composed of 17 genera and 80 species, accounting for 36.3% of the total families and 62.9% of the total genera and 76.9% of the total species of wild fruit trees. It revealed the importance of these four families in the flora of wild fruit trees in Xinjiang.

2. Xinjiang is rich in deciduous broad-leaves wild fruit trees. The distribution of wild fruit trees is closely related to geography and climate of Xinjiang. As for distribution patterns, the number of species in North and West Xinjiang exceeds that of South and East Xinjiang, respectivelt. The mountains have more species than plains. North Xinjiang, with 91 species, is much richer than South Xinjiang, with only 27 species. Analyses showed that the distribution of species of wild fruit trees is close related to the rainfall. Among different mountains, Tianshan Mountain, with 80 species, ranks the first, accounting for 76.9% of the total, while Kunlun—Arejin Mountain and Pamier Plateau only has 8 and 7 species, respectively. Because of the different amount of rainfall, there are obvious differences between mountains and plain in the diversity of wild fruit trees. Only 18 species are found in two big basins of Talimu and Zhungaer, while 80 species are distributed in Tianshan Mountain. It further implied that the high mountains are "wet islands" in drought area, favoring the distribution and growth of the most neuter species.

3. In Xinjiang, the types of ecosystem of wild fruit trees are relatively monotonous and poor

due to the climate and geography in the area. Based on the preliminary investigation, the ecosystems of wild fruit trees could be divided into five vegetation subtypes: cold deciduous coniferous forest, typical broad-leaved deciduous forest, deciduous broad-leaved shrub, desert deciduous broad-leaved shrub and desert deciduous broad-leaved semi-shrub. Field investigation and sampling of two main wild tree species showed that their population structure was easily influenced by different intense interference of human, which hindered the renew of their population.

4. Based on different indices, the different populations of *Malus sieversii* in various habitats and geographical were analyzed and clustered. It was found that the characters of leave of *Malus sieversii* were obviously influenced and modified by ecological conditions, Studies of pollen, fruit and peroxidase also showed that there are much variations among the different populations, and no obvious correlations were found between these variations and environmental conditions, which proved their heredity.

5. Insects and fungi are the important components in ecosystems of wild fruit tree forest. Based on field investigation of Xinyuan county in Yili district, 178 species belonging to 11 orders and 62 families are recorded in the area. Investigation also showed that there are 30 diseases of wild fruit tree and eight of them are serious.

6. The ecosystems of wild fruit tree forests in Xinjiang are very fragile, easily influenced by various activities of humans. The distribution of wild fruit tree forests is becoming narrower, and their areas and species are decreasing. Therefore, more attention should be paid to ecosystem protection. Four suggestions and countermeasures for conservation and sustainable utilization of the resources of wild fruit trees were proposed based on the present studies. (1) Emphasis should be put on collection and conservation of the germplasm of wild fruit trees in Xinjiang; (2) Reservation of *Malus sieversii* in Xinyuan county and Reservation of *Prunus cerasifera* in Daxigou, Huocheng county in Xinjiang should be set up as early as possible; (3) In order to exploit resources of wild fruit trees sustainable utilization, both their conservation and exploitation should be paid attention to; and (4) The exploitation of resources should be controlled and managed by the local governments.

目　录

Contents

第1章

绪　　论

生物多样性（biodiversity）是所有生物种类、种内遗传变异和它们的生存环境的总称，包括所有不同种类的动物、植物、微生物，以及它们所拥有的基因和它们与生存环境所组成的生态系统（中国科学院生物多样性委员会，1994）。

1.1　生物多样性

生物多样性可分为 3 个层次：生物多样性的最基本层次包括地球上整个空间的物种，即从细菌、病毒、原生生物的种至多细胞的植物界、动物界和真菌界。在有机体的微观层次上，生物多样性包括种内两个隔离地理种群间及单个种群内个体间的遗传变异。在宏观层次上，生物多样性包括各式各样生存着物种的生物群落，各式各样生存着群落的生态系统，以及这些层次间的相互作用。换而言之，生物多样性包含遗传多样性、物种多样性和生态系统多样性。遗传多样性是所有遗传信息的总和，蕴藏在动植物和微生物个体的基因之中。物种多样性是指生命有机体的复杂多样化，全世界大约有 500 万～5000 万种，被科学描述的仅有 140 万种。生态系统多样性是指生物圈内栖息地、生物群落和生态学过程的多样化，以及生态系统内栖息地差异和生态学过程变化的多样性（Mc. Neely 等，1992）。

1.1.1　生物多样性的研究内容

当前生物多样性研究的内容和热点：①生物多样性的调查、编目及信息系统的建设；②人类活动对生物多样性的影响；③生物多样性与生态系统功能；④生物多样性的长期动态监测；⑤物种濒危机制及保护对策的研究；⑥栽培植物与家养动物及其野生近缘种的遗传多样性研究；⑦生物多样性保护技术与对策。

生物物种水平的多样性到目前为止我们还了解不够（世界资源研究等，1992），谈及遗传多样性，情况就更令人失望了。生物多样性是地球上所有生命形式的总和，是经历了漫长的进化过程而形成的。由于生物多样性是地球生命支持系统的核心组成部分，不仅直接提供人类生活所必需的各种食物、药物、纤维、建筑材料等，还通过参与各种生物地球化学循环过程来维持人类生存所必需的生存环境。因此，开展对生物多样性的研究，已经成为当今生物学、生态学，乃至人文科学的热点之一。

生物多样性科学是研究生物多样性的生态系统功能、起源、维持和丧失、编目与分类、监测及评价、保护、重建和可持续利用，以及生物多样性与人类活动和社会发展相互关系等问题的科学。由于该学科还处于创立的初期，其边界、任务、理论体系和研究方法都尚有待进一步研究。随着生物多样性问题日益被重视和各种研究工作的全面展开，生物多样性科学将日臻完善，并将得到迅速发展（中国科学院生物多样性委员会，1994）。

1.1.2　生物多样性的现状及任务

我国是一个生物多样性十分丰富的国家，长期以来由于人为和自然因素的影响，遭受了严重的破坏或丧失。我国科学家在生物多样性的研究和保护等方面，做了大量卓有成效的工作，如在全国范围内对不同区域的动物、植物、微生物资源和分布展开了调查研究工作，先后出版了《中国植物志》以及各地的地方植物志、树木志、动物志等著作。在各级部门的合作配合之下，相继建立了许多自然保护区、种质资源圃、基因库等机构和设施。诸如此类的科研工作和取得的研究成果，不仅标志着我国对生物多样性的研究早已受到重视和得以发展，更为今后生物多样性广泛、深入的研究奠定了坚实的基础。1987 年，国家环境保护委员会公布了中国《珍稀濒危保护植物名录》；1989 年，公布了《国家重点保护动物名录》；1991 年，中国科学院在国家环境保护局的支持下编写出版了《中国植物红皮书》。截至 1995 年，全国已建立 799 个自然保护区，512 个风景名胜区，755 个森林公园，171 个动物园或公园动物展区，110 个植物园或树木园等。

从中国西部的新疆伊犁地区与哈萨克斯坦、吉尔吉斯斯坦和塔吉克斯坦交界的天山一直到里海（Caspian Sea）山谷都有野生苹果的分布。在哈萨克斯坦的阿拉木图市周边的野苹果类型丰富，具有最丰富的多样性，阿拉木图因此被称为"苹果之父"，俄国著名的植物研究家和遗传学家 Nikolail·Vavilov 认为这里是栽培苹果的起源中心地，哈萨克斯坦等地的野生苹果中的大果类型是接近栽培苹果的最主要代表，它们不同于高加索小苹果，人们选择了有些野生种风味和非常好的外观等类型，将它们移到果园中进行驯化和栽培（董玉琛译，1982）。

由于人类的各种活动日益频繁，野生果树林及其生态环境同地球上许多生态资源一样，已遭到严重的破坏和影响，随着前苏联的解体，经济和政治动荡不定，导致了野果林保护和科学管理面临困境。人们到分布有野生果树的山区进行开发及旅游等经济活动不断增加，在野果林中建度假别墅、牧民过度放牧等现象十分严重。在独立后的哈萨克斯坦、吉尔吉斯斯坦等地由于缺乏资金，许多受保护的资源被大量出售。在吉尔吉斯斯坦，据 1930 年调查估计野核桃 *Juglans regia* 林有 60 万 hm²，1996 年已减少到 4 万 hm²；而且，1960 年调查时存在的野杏 *Armeniaca vulgaris* 林现在约有 85% 已经不存在了。1935 年分布在阿拉木图附近的大约 90% 的野苹果林现在已经不存在了。

在我国西部由于全球气候变化影响，再加上人们无序的经济开发活动以及长期过度放牧等致使新疆的天山野果林生态系统破坏日趋严重，大量生物物种数量急剧减少，资源丧失严重，早日采取有效控制和限制人类经济活动、减少放牧等措施，保持生态系统平衡和稳定，恢复生物多样性，促进农业可持续发展显然是至关重要的。

生物资源是生物多样性中对人类具有现实和潜在价值的基因、物种和生态系统的总称。它们是生物多样性的物质体现，是人类赖以生存的物质基础。多种多样的生物为人类提供生存所需的食物、药品、工业原材料以及能源。生物资源可以科学地管理和保护，可以被消耗或补充。有效地管理生物资源，它不仅能够生存，而且还能够增殖，从而为持续发展提供基础。

由于全球变化的影响、生物多样性的丧失、资源枯竭和生态环境退化，使人类陷入了生态困境之中，并严重威胁到人类社会的可持续发展。如何保护现有的自然生态系统，综合整治与恢复已退化生态系统，以及重建可持续的人工生态系统，已成为生态学研究的一个重要内容。

1.1.3 新疆生物资源的现状及其危机

新疆位于欧亚大陆腹地，平原区气候干旱和极干旱，年均降水量低于200mm，年均蒸发量则在1800mm以上，形成了典型的荒漠和极旱荒漠景观及特有的生物物种。在干旱环境中隆升的山地，由于地形和山地垂直气候的影响，承接了较多的降水而成为干旱区的湿岛，不但为平原区的绿洲提供了宝贵的水源，且因山地垂直自然景观带的存在，再现了从极地到暖温带的多种景观环境。因此，新疆除分布面积十分广阔的荒漠生态系统外，还分布有森林、草原、绿洲、水域及高山生态系统等，从而极大地丰富了干旱区的动物、植物、微生物物种多样性及其遗传多样性。

然而，由于不断增加人口、扩大耕地、开发新的矿藏，使野生动植物生存环境不断缩小和恶化，越来越多的野生物种在不断减少甚至灭绝。据估计，新疆在20世纪30年代还分布有25万只左右的高鼻羚羊 Saiga tatarica，如今已经绝迹；据普热瓦尔斯基的记载，100年前"塔里木的老虎像伏尔加河流域的狼一样多"，但新疆虎已在近几十年前已经绝灭。

1.1.3.1 植物资源损失严重

塔里木盆地早期原有天然胡杨 Populus euphratica 林近531万 hm²，到1978年只剩下230万 hm²，减少了56%以上；据新疆林业勘测设计院1982年航测调查，准噶尔盆地荒漠灌木林覆盖度在10%以上的林地面积为237万 hm²，较1958年新疆综合考察队调查测算的数字，减少了68.4%，导致古尔班通古特沙漠南缘50km以内已无原始梭梭林；新疆原分布有367万~400万 hm² 红柳林，现已大半被砍掉；伊犁野果林的面积，20世纪50年代末约有1万 hm²，目前仅保存有70%~80%，其分布下限的海拔高度已上升了100~200m；由于过度放牧等，新疆草地退化面积已达21.33万 km²，占草地总面积的37.2%，其中1/3退化严重，产草量下降30%~60%；据1993年的调查统计，全疆甘草 Glycyrrhiza sp. 面积已由50年代的200万 hm² 减少为80万 hm²。近年来，收购麻黄 Ephedra sp.、贝母 Fritillaria sp.、肉苁蓉 Cistanche deserticola、雪莲 Saussurea involucrate 等名贵中药材成风，其资源的破坏、损失程度也是十分严重。

1.1.3.2 生态环境日趋恶化

据有关方面报道，新疆古尔班通古特沙漠由于0.86万 km² 的沙漠植被受到破坏，在沙漠南缘已出现了一条明显的活化带，活化沙丘以每年0.5~2.6m的平均速度向东南或偏东方向移动。南疆和田地区七县一市的绿洲，被长达2000km的塔克拉玛干沙漠南缘包围和分割，其流动沙丘每年以5~10m的移动速度向偏南方向推进，皮山西南部的小沙丘群甚至每年移动40~60m。塔里木河下游的绿色走廊，现已千疮百孔，沙漠化面积已达近4000 km²，占总面积的66%以上。塔里木盆地东北缘的尉犁县，从20世纪50年代到80年代，森林面积由113万 hm² 减少到不足69万 hm²；灌木林由126万 hm² 以上锐减到66

万余 hm²；草地面积减少 220 万 hm²。采挖中草药对天然草地的破坏也令人触目惊心。据报道，每采挖 1kg 甘草即造成 4～5m² 的草地荡然无存，新疆每年采挖甘草约 40 万吨，因此，每年全疆即有 150 万 hm² 的草地严重受损或遭到严重破坏，使得干旱区本来覆盖度很低的荒漠草地完全失去绿色，并且造成水土流失，生态环境日趋恶化正在给新疆人民敲响了警钟。

植物资源是生物多样性的重要组成部分，开发利用不当所引发的环境恶化和资源破坏，则会对生物多样性造成严重威胁或破坏，在新疆，这类事例较多。众所周知，天山盛产雪莲，近几年来，开发商收购量剧增，山区农牧民乱采滥挖十分严重，在各地山区的道路两侧，旅游景点处，牧民出售雪莲的现象十分普遍。但是，雪莲种群的数量已大大减少或几乎绝迹，使其处于渐危状态。

20 世纪 70 年代，被植物分类专家发现定名为阜康阿魏 Ferula fukanensis 的模式标本产地，目前难以找到这种植物；在伊宁县白石墩阿魏滩，70 年代还有很多新疆阿魏 Ferula sinkiangensis 分布，现在阿魏却已销声匿迹。

麻黄属 Ephedra 的植物也是一类残存的常绿灌木，生长在石质山坡和荒漠戈壁，生长极其缓慢。株高半米左右的植物体，至少需要数年乃至十几年才能长成。其结果率和成果率一般较低，也缺乏无性繁殖能力。新疆已知的三种药用麻黄，在天然荒漠植物群落中均不能形成优势种群。目前，它们每年正以 10 吨至数十吨的速度被掠夺式地采挖。有报道估计，按这种速度采挖，新疆现存的药用麻黄资源，不到 10 年的时间即会完全用光，以至于在新疆永远消失。伊犁天山山区生长着大面积的温带阔叶野果林，据 1959 年调查，野果林面积总计为 0.93 万 hm²，随着山区经济的建设、农牧业生产的发展以及人为活动的影响，野果林资源及其自然环境也遭到了很大的破坏，至今大约保存有 70%～80%（张立运等，2000）。

大量事实充分说明，人类经济活动的影响和植物资源的利用不当，对生物多样性已构成严重威胁。事实警示人们，新疆的生物多样性变化及现状已到了令人担忧的地步。

1.2 我国野生果树种质资源研究进展

随着人类文明的发展和栽培植物的兴起，野生果树作为人类主要食物来源的时代早已成为过去，但野生果树的科学意义、经济价值和生态作用在广泛的领域中仍发挥着越来越重要的作用。由于人们生活水平的提高和资源开发的深入，野生果树以其庞大的数量、丰富的遗传多样性、突出的抗性和适应性、显著的食疗价值和功效，以及纯天然、无污染、富含营养等独特优势，正成为园艺、食品加工以及山区开发等方面备受关注的焦点。基于此，我国对野生果树种质资源的研究做了大量的工作。

1.2.1 野生果树种质资源的调查

我国是世界上最大的果树起源中心之一。据统计，我国果树有 600 余种，1 万多个品种，隶属于 59 科 158 属。全国性的果树种质资源调查、收集和广泛利用始于 20 世纪 50 年代。在历次的调查中发现了大量具有重要利用价值的野生果树，这些优异的种质资源为我国乃至世界近代果树业的发展做出了重要贡献。在果树的起源和演化研究方面，经对分布在新疆天山野果林的调查、研究和考证，认为新疆野苹果和新疆野杏即是栽培苹果及杏的直接祖先；通过对新疆野核桃分布的研究证实，我国就是核桃原产地之一（张新时，1973；严兆福，1994）。

1.2.2 果树种质资源的收集、保存与管理

1.2.2.1 果树种质资源调查、收集、保存

我国有野生果树（野生、半野生）1076 种，野生果树不仅种类丰富，而且由于长期的环境选择和实生变异等，种内遗传多样性也极为丰富（刘孟军，1994）。

在我国，从大兴安岭到南海岛屿，从东海之滨到新疆天山，从荒漠盆地到青藏高原，都有野生果树的分布。我国的野生果树分布特点是北方少于南方，华南和西南山区野生果树种类繁多、资源更加丰富。根据刘孟军等（1998）的资料统计，我国部分省（自治区）的野生果树种类见表 1 - 1。

表 1 - 1 我国部分省（自治区）的野生果树种类统计

省（自治区）、地区	科	属	种	变种	种的密度（种/km²）
新疆	10	25	40		0. 25
西藏	18	33	103		0. 86
河北	17	27	74	10	3. 89
海南	37	62	84	1	24. 71
云南西双版纳	24	37	80		41. 67
甘肃临夏	13	26	53		
吉林长白山区	11	21	41	1	
秦巴山区	26	52	8		

中华人民共和国成立后，有关部门先后组织开展了多次较大规模的果树种质资源调查工作，以及区域性和地方性的调查工作。在世界性种质资源研究热潮的影响下，1980 年开始，我国陆续建成了 16 个国家果树种质资源圃（表 1 - 2），圃地总面积约 117hm²，收集和保存果树种质资源 10 043 份。1993 年，出版了《果树种质资源目录》第一集，对 19 种果树的 11 个主要经济性状进行了鉴定和描述，收录了果树种质资源 17 种，3339 份。

表 1 - 2 我国果树种质资源圃概况

圃地名称	圃 址	保 存 单 位	树 种	保存份数	圃地面积（hm²）
兴城梨、苹果圃	辽宁兴城	中国农业科学院果树研究所	梨 苹果	731 727	21. 1
郑州葡萄、桃圃	河南郑州	中国农业科学院郑州果树研究所	葡萄 桃	960 370	8. 7
重庆柑橘圃	四川重庆	中国农业科学院柑橘研究所	柑橘	1190	14
北京桃、草莓圃	北京海淀	北京市农业科学院林果研究所	桃 草莓	240 210	2. 1

（续）

圃地名称	圃址	保存单位	树种	保存份数	圃地面积（hm²）
南京桃、草莓圃	江苏南京	江苏省农业科学院园艺研究所	桃 草莓	454 150	4
太谷枣、葡萄圃	山西太谷	山西农业科学院果树研究所	枣 葡萄	404 373	7.4
熊岳李、杏圃	辽宁熊岳	辽宁省农业科学院果树研究所	李 杏	432 466	9.5
眉县柿圃	陕西眉县	陕西省农业科学院果树研究所	柿	617	3.4
武汉沙梨圃	湖北武昌	湖北省农业科学院果茶研究所	沙梨	435	3.3
泰安核桃、板栗圃	山东泰安	山东省农业科学院果树研究所	核桃 板栗	97 90	4.8
福州龙眼、枇杷圃	福建福州	福建省农业科学院果树研究所	龙眼 枇杷	218 215	4.4
广州香蕉、荔枝圃	广东广州	广东省农业科学院果树研究所	香蕉 荔枝	170 89	6.8
公主岭寒地果树圃	吉林公主岭	吉林省农业科学院果树研究所	寒地果树	655	0.68
云南特有果树圃	云南昆明	云南省农业科学院园艺研究所	特有果树	402	18
新疆名特果树圃	新疆轮台	新疆农业科学院园艺研究所	名特果树	198	7.2
沈阳山楂种质圃	辽宁沈阳	沈阳农业大学园艺系	山楂	150	1.6

1.2.2.2　果树种质资源评价与管理

"七五"和"八五"期间，国家对果树种质资源研究、调查、收集、鉴定、评价和保存被列为国家攻关课题。先后编制和发表了苹果、梨、桃、李、杏、葡萄、柑橘和草莓等树种的种质资源评价系统。

1990年，建立了国家果树种质资源数据库，该系统收录了19种果树、5000多个品种的11个主要性状16 631份次，约30万个数据项。1990年出版了包括18个树种的《果树种质资源描述符》。

果树种质资源的研究，包括种质的收集、整理、分类、保存、评价和利用，80年代以来，已作为一门新兴的果树科学基础研究，受到日益广泛的关注。研究目的为果树生产提供优异种质基因，拓宽现代生物技术和遗传工程研究领域，提高育种效率，培育更多优良的新品种。计算机技术的迅猛发展，更为果树种质资源研究注入了新的活力。

1.2.2.3　RAPD技术与果树种质资源及育种研究

自20世纪60年代以来，分子标记技术迅速发展，极大地加深了人们对生物遗传规律的认识。在众多的DNA分子标记中，由Willams等（1990）和Welsh等（1990）建立起来的 RAPD（Random Amplified Polymorphic DNA，随机扩增多态性 DNA）技术，以其快速、准确、灵敏度高等特点，一开始就受到生物学家的重视，已在我国果树分类（Taxonomy）、品种鉴定（Variety Identification）、系谱分析（Pedigree）、遗传图谱构建（Genetic Mapping）、基因标记（Genetic Tagging）等方面得到广泛应用。

1.3 新疆植物资源的特点

1.3.1 新疆植物的种类及特点

植物资源的分布具有特定的生态地理区域、依赖环境生存和种群特性。现对新疆植物资源情况简介如下：

据 20 世纪 60 年代植物区系调查，新疆有高等植物 107 科 654 属 2419 种（新疆植被及其利用，1970）；据 70 年代调查，新疆有高等植物 114 科 827 属 3474 种（新疆植物名录，1975）；据近期资料统计，新疆有高等植物 161 科 846 属 4081（3905）种 176 变种，种子植物 95 科 675 属 3600 种，而在伊犁地区分布的植物约有 2000 种，在我国仅分布于新疆的植物就有 1734 种。新疆植物资源不仅类别多样，种类数量也很丰富。现知，新疆药用植物有 2014 种，其中野生种类 1451 种，农药植物 120 种以上。目前已被收购的中草药种类即有 125 种之多。食用植物中，野生果树资源种类有 103 种，大型食用真菌 200 种以上，维生素植物 50 种以上，油料植物近百种，蜜源植物更多达 500 余种。具有观赏价值和绿化环境的植物资源中，防护林树种 80 种以上，固沙植物多于百种，观赏植物超过 300 种，仅野生花卉即有 180 种之多。天然野生牧草有 2930 种，其中数量大、质量高的种类占13.04%，计 382 种。新疆木本植物共 352 种，仅野生乔木建群种即有 27 种，构成灌丛的建群植物有 21 属之多。种质植物资源中，野生谷类作物的近缘种有 87 种，野生果树近缘种近 70 种。另外，适应极端环境的耐盐、抗旱和耐病虫的种质资源也十分丰富（张立运等，2000）。

1.3.2 新疆植物资源的研究与利用

新疆的总面积中，山地约占 39%，平原约占 61%。但平原地区的植物种类大约只有550 种，仅占全疆植物总数的 13%，与广阔的空间背景极不协调。山地则不然，天山与阿尔泰山均拥有高等植物 2500 种左右，即使在亚洲最干旱的阿尔金山和昆仑山，其植物区系组成也有近 400 种之多。显然，这是因为坐落在新疆境内纬向延伸的数列高大山系，均处于西风大气环流的控制范围之内，能够接纳西来湿气流并在迎风坡形成较多降水，其中森林带可达 800mm 以上。山地的水分状况，与周围降水稀少的干旱平原构成巨大反差，是新疆荒漠背景中的湿岛和许多中生植物适宜的生存环境，也是新疆植物资源最丰富的地境。

新疆的森林覆盖率只有 1% 左右，是一个缺林、少林和成林树种贫乏的省区。但山地森林资源显著多于平原，且以针叶林占绝对优势。构成山地森林资源的主要乔木树种有雪岭云杉（天山云杉）*Picea schrenkiana*、西伯利亚落叶松 *Larix sibirica*、西伯利亚红松 *Pinus sibirica*、天山桦 *Betula tianschanica*、欧洲山杨 *Populus tremula* 和形成野果林及河谷林的树种。以面积和蓄积量而论，山地森林面积占全疆森林总面积的 71.7%，木材蓄积量占全疆的97%以上。以地区论，天山北坡的森林面积最大，占全疆山地森林面积的54%，木材蓄积量约占61%。其次是阿尔泰山，森林资源面积和木材蓄积量均约占全疆山地的35.7%。显然，新疆山地是森林资源相对丰富或分布最集中的场所。山地的药用植物资源有新疆元胡 *Corydalis glaucescens*、龙胆 *Gentiana scabra*、伊犁黄芪 *Astragalus lepsensis*、伊贝母 *Fritillaria pallidiflora* 等多种贝母、新疆紫草 *Arnebia euchroma*、益母草 *Leonurus turkestanicus*、天山大黄 *Rheum wittrochii*、党参 *Codonopsis pilosula* 等。新疆山地植物资源也非常丰富，各种食用植物资源和数量估计至少有百种以上，仅野生果树资源即有80种之多。不仅说明野生植物资源丰富，同时具有重要科学意义、经济价值和开发前景看好的野果林，即分布在天山西部伊犁山地（表1－3、表1－4）。

表1－3　国家第一批公布珍稀濒危保护植物中新疆分布种名录

名　称	学　名	类　别	保护级别	
			国家	新疆
西伯利亚红松	*Pinus sibirica*	渐危种	Ⅲ	3
西伯利亚冷杉	*Abies sibirica*	渐危种	Ⅲ	3
盐　桦	*Betula halophila*	濒危种	Ⅱ	1
裸　果　木	*Gymnocarpos przewalskii*	稀有种	Ⅱ	2
梭　梭	*Haloxylon ammodendron*	渐危种	Ⅲ	3
白　梭　梭	*Haloxylon persicum*	渐危种	Ⅲ	3
半　日　花	*Helianthemum soongoricum*	渐危种	Ⅱ	2
雪　莲	*Saussurea involucrate*	渐危种	Ⅲ	2
瓣　鳞　花	*Frankenia pulverulenta*	渐危种	Ⅲ	3
野核桃	*Juglans regia*	渐危种	Ⅱ	2
新疆沙冬青	*Ammopiptanthus nanus*	渐危种	Ⅱ	1
膜荚黄芪	*Astragalus membranaceus*	渐危种		
新　疆　贝　母	*Fritillaria walujewii*	渐危种	Ⅲ	3
伊　贝　母	*Fritillaria pallidiflora*	渐危种	Ⅲ	3
肉　苁　蓉	*Cistanche deserticola*	渐危种	Ⅲ	
管肉苁蓉	*Cistanche tubulosa*	渐危种	Ⅲ	
星　叶　草	*Circaeaster agrestis*	稀有种		2
新疆野苹果	*Malus sieversii*	渐危种	Ⅱ	2
胡　杨	*Populus euphratica*	渐危种	Ⅲ	3
灰　杨	*Populus pruinosa*	渐危种	Ⅲ	3
沙　生　柽　柳	*Tamarix taklamakanensis*	渐危种	Ⅲ	
新疆阿魏	*Ferula sinkiangensis*	渐危种	Ⅲ	3

表1－4　国家第二批公布珍稀濒危保护植物中新疆分布种名录

名　称	学　名	类　别	保护级别	
			国家	新疆
伊　犁　杨	*Populus iliensis*	稀有种		
黑　杨	*Populus nigra*	渐危种		3

（续）

名　　称	学　　名	类　别	保护级别	
			国家	新疆
帕 米 尔 杨	*Populus pamirica*	稀有种		2
光 皮 银 白 杨	*Populus alba* var.	稀有种		
白　　柳	*Salix alba*	渐危种		
塔 城 柳	*Salix tarbagataica*	稀有种		
石 栎 蓼	*Polygonum glareosum*	稀有种		
昆 仑 堇	*Roborwskia mira*	稀有种		
裂 叶 罂 粟	*Roemeria refracta*	稀有种		
矮 扁 桃	*Amygdalus nana*	稀有种	Ⅲ	
准 噶 尔 山 楂	*Crataegus songorica*	渐危种	Ⅲ	3
天 山 樱 桃	*Cerasus tianshanica*	稀有种	Ⅲ	
银 沙 槐	*Ammodendron bifolium*	渐危种	Ⅲ	2
准 噶 尔 无 叶 豆	*Eremosparton songoricum*	稀有种		
沙　　棘	*Hippophae rhamnoides*	稀有种		
天 山 槭	*Acer semenovii*	稀有种	Ⅲ	2
美 丽 水 柏 枝	*Myricaria dolcherrima*	稀有种		
心 叶 水 柏 枝	*Myricaria pulcherrima*	稀有种		
五 桩 枇 杷 柴	*Reaumuria kaschgarica*	稀有种		
黄 花 枇 杷 柴	*Reaumuria trigyna*	渐危种		
阿 尔 泰 瑞 香	*Daphne altaica*	稀有种		
伊 犁 花	*Ikonnikovia kaufmanniana*	稀有种		
小 叶 白 蜡	*Fraxinus sogdiana*	稀有种	Ⅲ	2
高 山 龙 胆	*Gentiana algida*	渐危种		
北 极 花	*Linnaea horealis*	稀有种		
蓼 叶 眼 子 菜	*Potamogeton polygonifolius*	稀有种		
薄 果 泽 泻	*Alisma lanceolatum*	稀有种		
新 疆 猪 牙 花	*Erythronium sibiricum*	稀有种		
新 疆 百 合	*Lilium martagon*	渐危种		
玉　　柏	*Lycopodium obsculum*	渐危种		

　　另外，新疆有着沧桑巨变的地质史，又处中亚、蒙古、西伯利亚、中国—喜马拉雅几种植物区系的交汇，植物区系复杂、生活型和植被类型多种多样，对新疆丰富植物资源的形成都有着密切的关系。

　　在新疆，从平原到山地虽然都有植物资源的分布，但受地貌单元及其水热条件的影响，分布则是不均匀的。新疆的平原面积大于山地，但山地的草地面积则占全疆草地面积的 58%，而平原只占 42%；森林资源的分布更是如此，山地森林面积占全疆森林总面积的 71.7%，而平原的森林面积则不足 30%；野生果树资源中，仅分布于天山北坡和准噶尔西部山地者即有 81 种，占全疆野生果树资源的 78% 以上，而分布南北疆两大盆地的种类合计只有 27 种。若以地区而论，南疆的面积虽大于北疆，但植物资源则北疆较南疆丰富（表 1 - 5）。

表 1 - 5　新疆重点保护植物名录（袁国映等，1998）

中　　名	学　　名	类　别	保护级别 国家	保护级别 新疆
西伯利亚红松	*Pinus sibirica*	渐危种	III	3
西伯利亚冷杉	*Abies sibirica*	渐危种	III	3
盐　　桦	*Betula halophila*	濒危种	II	1
裸　果　木	*Gymnocarpos przewalskii*	稀有种	II	2
梭　　梭	*Haloxylon ammodendron*	渐危种	III	3
白　梭　梭	*Haloxylon persicum*	渐危种	III	3
半　日　花	*Helianthemum soongoricum*	渐危种	II	2
雪　　莲	*Saussurea involucrate*	渐危种	III	2
瓣　鳞　花	*Frankenia pulverulenta*	渐危种	III	3
核　　桃	*Juglans regia*	渐危种	II	2
新疆沙冬青	*Ammopiptanthus nanus*	渐危种	II	1
膜荚黄芪	*Astragalus membranaceus*	渐危种		
新疆贝母	*Fritillaria walujewii*	渐危种	III	3
伊　贝　母	*Fritillaria pallidiflora*	渐危种	III	3
肉　苁　蓉	*Cistanche deserticola*	渐危种	III	
管肉苁蓉	*Cistanche tubulosa*	渐危种	III	
星　叶　草	*Circaeaster agrestis*	稀有种	II	2
新疆野苹果	*Malus sieversii*	渐危种	II	2
胡　　杨	*Populus euphratica*	渐危种	III	3
灰　　杨	*Populus pruinosa*	渐危种	III	3
沙生柽柳	*Tamarix taklamakanensis*	渐危种	III	
新疆阿魏	*Ferula sinkiangensis*	渐危种	III	3
胀果甘草	*Glycyrrhiza inflata*			2
节　节　麦	*Aeggilops tauschii*			2
野　扁　桃	*Amygdalus ledebouriana*			2
昆仑方枝柏	*Juniperus jarkendensis*			2
野　　杏	*Armeniaca vulgaris*			2
樱　桃　李	*Prunus ceracifera*			2
箭叶水苏	*Matastachydium sagittat*			2
滩　贝　母	*Rhinopetalum karelinii*			2
冬虫夏草	*Cordyceps sinensis*			2
西伯利亚云杉	*Picea obovata*			3

（续）

中 名	学 名	类 别	保护级别	
			国家	新疆
伊 犁 杨	*Populus iliensis*	稀有种		
黑 杨	*Populus nigra*	渐危种		3
帕 米 尔 杨	*Populus pamirica*	稀有种		2
光皮银白杨	*Populus alba* var.	稀有种		
白 柳	*Salix alba*	渐危种		
塔 城 柳	*Salix tarbagataica*	稀有种		
石 栎 蓼	*Polygonum glareosum*	稀有种		
昆 仑 堇	*Roborwskia mira*	稀有种		
裂 叶 罂 粟	*Roemeria refracta*	稀有种		
矮 扁 桃	*Amygdalus nana*	稀有种	Ⅲ	
准噶尔山楂	*Crataegus songorica*	渐危种	Ⅲ	3
天 山 樱 桃	*Cerasus tianshanica*	稀有种	Ⅲ	
银 沙 槐	*Ammodendron bifolium*	渐危种	Ⅲ	2
准噶尔无叶豆	*Eremosparton songoricum*	稀有种		
沙 戟	*Chrozophora sabulosa*	稀有种		
天 山 槭	*Acer semenovii*	稀有种	Ⅲ	2
美丽水柏枝	*Myricaria dolcherrima*	稀有种		
心叶水柏枝	*Myricaria pulcherrima*	稀有种		
五桩枇杷柴	*Reaumuria kaschgarica*	稀有种		
黄花枇杷柴	*Reaumuria trigyna*	渐危种		
阿尔泰瑞香	*Daphne altaica*	稀有种		
伊 犁 花	*Ikonnikovia kaufmanniana*	稀有种		
小 叶 白 蜡	*Fraxinus sogdiana*	稀有种	Ⅲ	2
高 山 龙 胆	*Gentiana algida*	渐危种		
北 极 花	*Linnaea horealis*	稀有种		
蓼叶眼子菜	*Potamogeton polygonifolius*	稀有种		
薄 果 泽 泻	*Alisma lanceolatum*	稀有种		
新疆猪牙花	*Erythronium sibiricum*	稀有种		
新 疆 百 合	*Lilium martagon*	渐危种		
玉 柏	*Lycopodium obsculum*	渐危种		
内 蒙 黄 芪	*Astragalus mongolicus*			3
多 枝 柽 柳	*Tamarix ramosissima*			3
盐生肉苁蓉	*Cistanche salsa*			3
新 疆 紫 草	*Arnebia euchroma*			3
中 亚 圆 柏	*Juniperus semiglobosa*			3

（续）

中　名	学　名	类　别	保护级别	
			国家	新疆
新 疆 丽 豆	*Calophace socngcrica*			3
黄 花 秦 艽	*Gentiana walujewii*			3
准 噶 尔 柳	*Salix songarica*			3
精 河 沙 拐 枣	*Calligonum ebi-nuricum*			3
欧 亚 萍 蓬 草	*Nupkar luteum*			3
阿 尔 泰 银 莲 花	*Anemone altaica*			3
牡 丹 草	*Leonitice incerta*			3
额 河 菱 角	*Trapa saissanica*			3
鹿 根	*Rhaponticum caarthamoides*			3
新 源 假 稻	*Leersia oryzoides*			3
大 赖 草	*Leymus racemosus*			3
皮 山 蔗 茅	*Erinthus ravennae*			3
发 菜	*Nostac flogelliforme*			3
中 麻 黄	*Ephedra intermedia*			3
二 节 荠	*Crambe kastschtyana*			3
阿 尔 泰 葱	*Allium altaicum*			3
阿 尔 泰 红 灵 芝	*Jamooerma tsujae*			3
尖 果 沙 枣	*Elaeagnus oxycarpa*			3

新疆地理位置特殊，自古以来就是多种文化、宗教和民族的交汇处，有其深刻的背景和历史意义，几千年来，"丝绸之路"发挥了重要的作用并产生了深刻的影响，如多民族聚居、多种文化和多种传统民族医学和技术共存等，对植物资源开发和利用也有独特之处，例如：维吾尔族医药在当地发挥重要作用和影响。新疆具有许多独特的植物资源，近年来，其资源价值和利用越来越受到育种学家的关注（张立运等，2000）。

新疆属内陆干旱地区，植物生存环境严酷和十分脆弱，植物覆盖率很低，加之平原和干旱山地气候干旱，在强烈的蒸发影响下，必然形成盐渍化土壤，不利于大多数植物生长。对新疆植物资源进行开发利用的同时，应充分了解和认识新疆的生态环境比较脆弱的特点。天然生长的植物资源是人类极其宝贵的财富，它们不仅具有巨大的经济价值和资源潜力，而且是维持环境生态平衡必不可缺少的环节。

1.4　新疆野生果树资源研究概况

1.4.1　新疆野生果树起源研究

根据研究资料证明，在艾比湖、策勒达玛沟、和田约特干、英吉沙乌恰大沟的河湖相沉积物剖面孢粉组合带中有胡桃属 *Juglans*、银杏属 *Ginkgo*、山毛榉科 Fagaceae、栗属 *Castanea*、榛属 *Carylus*、蔷薇科 Rosaceae、鼠李科 Rhamnaceae 等植物孢粉。阎顺（1983 年）研究证明库车在第三纪有胡桃科中的尖角胡桃花粉 *Juglans pollenites* Verus. 。在新源坎苏和石河子南山紫泥泉牛圈子黄土沉积物剖面孢粉组膈带中，除有栗属、榛属、蔷薇科孢粉化石外，还出现了山核桃属 *Carya*、桑属 *Morus*、苏铁属 *Cycas* 等植物孢粉化石。这些除反映了新疆晚更新世（12 万年）以来及全新世时期（1 万年来）气候环境变迁与植物的关系外，同时也提出了有关果树植物起源于新疆的佐证。

张新时（1973）认为，分布在伊犁地区现存的野果林是由于遭受第三纪末和第四纪初冰期山地冰川叠次下降的侵袭，蒙受间冰期及冰后期荒漠干旱气候影响较少，遂成为喜暖中生阔叶树的"避难所"，而被保存下来的古老残遗植物。同时认为"新疆野核桃是中亚栽培核桃的直系祖先"。

刘兴诗、林培钧、钟俊平（1993）根据实地考察，提出"随着第四纪冰川的进退，伊犁野果林曾在广阔的中亚平原，包括伊犁谷地在内的范围内发生多次往返迁移，末次冰期后，迁移方向由西向东，逐渐演变至今日情况"新的论点。

1.4.2　新疆野生果树地理分布研究

新疆伊犁地区天山野果林分布在前山带海拔 900～1900m 的平缓坡地及山谷中。野苹果约占野果林的 70%以上；野杏也是野果林的建群种之一，以散生为主，野杏纯林分布较少；新疆野核桃主要集中分布在凯特明山东端北坡，即巩留县野核桃沟，并且在霍城县科库尔琴山的大西沟和小西沟也有少量野核桃分布；野樱桃李分布在伊犁谷地西部霍城县科库尔琴山的大西沟和小西沟；此外，伊犁谷地还有多处分布野生欧洲李。

在塔城地区海拔 800～1600m 的中低山—丘陵阔叶灌木林带，分布有新疆野苹果、野巴旦杏、山楂、枸子、忍冬、蔷薇、天山樱桃、悬钩子等数十种野生果树。新疆野苹果主要分布在巴尔鲁克山东北部老风口的阿勒马河、玉里克沟和乌日可夏山西端。野巴旦杏属第三纪中新世的孑遗植物，在我国现仅存塔城地区，主要分布在裕民县杜拉提沟布尔干河地区、托里县的老风口阿勒马河、玉里克沟和塔城市的曲坎山乌拉斯台河及克孜别提一带。现已知，伊犁—塔城地区是新疆野生果树种类最多、面积最大、资源最丰富和开发利用价值最有前途的地区。

1.4.3　新疆野生果树资源调查研究概况

中华人民共和国成立后，在各级政府的领导下，曾多次组织各类专业人员对新疆野生果树进行了本底资源的调查和研究。

1956 年，新疆维吾尔自治区农业厅组织科技人员，对伊犁地区野生果树资源分布概况进行了初步调查和了解。1958 年，新疆林业调查队对伊犁的野果林作了重点勘查，确定了野果林的林型分布和树种组成等。1956～1959 年，经调查，中国科学院新疆综合考察队考察确定，伊犁地区野果林分布面积为 9300hm^2。1959 年，新疆维吾尔自治区农业厅新疆果树资源调查委员会，组建了北疆果树资源调查队与伊犁哈萨克自治州果树调查队，历时 62天，对伊犁地区野果林作了较大规模的调查。通过采集标本、观察和记载，查明了新疆野苹果有 43 个类型，野杏 5 个类型，醋栗 2 种。对野果林的分布、生态环境和生物学特性进行了观测和调查，撰写了《伊犁哈萨克自治州直属县（市）果树资源调查报告》，为后来的研究、保护和利用打下了基础。

李育农（1993 年）等通过采用细胞学、酶学等研究方法，认为新疆野苹果是新疆古代原有地方栽培苹果种及我国栽培的绵苹果的祖先。

　　1979 年国家科委和农业部联合下达"农作物品种资源的补充征集和野生近缘种调查"课题，由新疆农业科学院园艺研究所主持，原新疆八一农学院、伊犁哈萨克自治州农业局等单位参加，历时 3 年（1981～1983 年）。新疆农作物野生近缘种考察组以伊犁、塔城地区为主，并对新疆部分地区的野生果树进行了调查。撰写论文《新疆果树的野生近缘植物》，认为新疆乔、灌木和草本果树的野生近缘植物有 16 属 42 种，其中蔷薇科野生果树有 12 属 30 种。

　　多年来，先后出版的关于新疆果树研究专著有：《新疆苹果》（张钊，1979）；《新疆巴旦杏》（朱京林，1979）；《新疆森林》（新疆森林编辑委员会编著，1990）；《新疆核桃》（严兆福，1994）；1985～1989 年，在中国科学院等单位近 30 年对新疆调查研究的基础之上，对新疆自然资源的开发和利用提出了战略性的规划，出版研究专著"新疆瓜果"（中国科学院新疆资源开发综合考察队，1993）；天山野果林资源——伊犁野果林综合研究（林培钧、崔乃然，2000）。

　　1980 年以后，新疆相继建立了 20 个国家级和自治区级等各类自然保护区（表 1-6），分别归林业、环保、畜牧业以及农业等部门和地方有关机构管理，各类自然保护区的面积总计为 12.6 万 km²，约占新疆土地面积的 6.2%（袁国映等，1998）。

表 1-6　新疆已建立的各类自然保护区（袁国映等，1998）

编号	保护区名称	地点	主要保护对象	面积（hm²）	级别
1	塔城巴旦杏	裕民	巴旦杏及生境	1500	地方
2	喀纳斯	布尔津、哈巴河	西伯利亚动植物区系及自然景观	558800	国家
3	布尔根河河狸	青河	河狸及河谷林	5000	地方
4	天池	阜康	高山冰川、湖泊及自然景观	3806	地方
5	巴音布鲁克天鹅	和静	天鹅、水禽及生境	100000	国家
6	托木尔峰	昭苏、温宿	高山冰川及森林、草原、动物	300000	地方
7	阿尔金山	若羌	高原动物、喀斯特地貌、沙漠	4500000	国家
8	卡拉麦里山有蹄类	昌吉、阿勒泰地区	高寒草原等自然景观野马、野驴、盘羊、鹅喉羚及生境	1400000	地方
9	甘家湖梭梭	乌苏、精河	梭梭及生境	54657	地方
10	霍城四爪陆龟	霍城	四爪陆龟及生境	35000	地方
11	尉犁胡杨林	尉犁、轮台	胡杨林及生境	387900	地方
12	巩留野核桃	巩留	新疆野核桃及生境	1180	地方
13	巩留雪岭云杉	巩留	雪岭云杉及生境	28000	地方
14	伊犁小叶白蜡	伊宁	小叶白蜡及生境	400	地方
15	塔什库尔干高山动物	塔什库尔干	雪豹、盘羊、北山羊、雪鸡等	1500000	地方
16	那拉提山地草甸	新源	亚高山草甸草原及动物	16400	地方
17	金塔斯草原	福海	山地草原及动物	30000	地方
18	奇台荒漠草原	奇台	荒漠草原及平原草甸草原	38419	地方
19	阿尔金山野骆驼	若羌	野骆驼及生境	1512500	地方
20	博格达人与生物圈	阜康	人与生物圈	1000000	国际

　　位于我国西天山的伊犁地区是中国生物多样性特殊地区之一，动物资源较为丰富，已知鸟类 250 余种、兽类约 63 种、两栖爬行动物约 11 种。在伊犁地区及相邻地区已建立约 8 个自然保护区，分别是霍城四爪陆龟自然保护区、巩留野核桃自然保护区、巩留雪岭云杉保护区、伊宁小叶白蜡自然保护区、新源草原自然保护区、托木尔峰自然保护区、巴音布鲁克天鹅湖自然保护区以及黑蜂自然保护区等，对保护生物多样性起到积极作用。

　　值得关注的是，关于保护野生果树的仅有塔城巴旦杏自然保护区和巩留野核桃自然保护区，不仅保护区数量少、面积小、保护对象及其生境均受到很大的局限性。

　　林培钧等（1988 年）报道，在新疆伊犁地区的新源、巩留等地有多处野生欧洲李的自然分布，并且进行了染色体分析。这一发现对学术界争议欧洲李有无野生种的问题，是一项极好的补充和明证。

　　1985～1990 年，伊犁地区园艺所林培钧主持国家自然科学基金资助课题《伊犁野果林综合研究》，参加单位有新疆师范大学、原新疆八一农学院等，对伊犁地区野生果树资源进行了较全面和系统的研究，2000 年，出版了专著《天山野果林资源——伊犁野果林综合研究》，书中对部分野生果树进行了种下分类，结果为：新疆野苹果有 84 个类型（forma）、新疆野杏 46 个类型、野生樱桃李 21 个类型、新疆野核桃 14 个类型，为进一步研究和利用伊犁野生果树资源提供了重要的科学依据。崔乃然等（1991）认为新疆野生果树及近缘植物有 13 科 28 属 43 个种。1991～1993 年，新疆农业科学院廖明康主持完成了国家自然科学基金资助项目"新疆杏资源分类评价与利用"，其研究结果认为：新疆是杏的原产地之一，资源极为丰富，通过早期东西方商贸文化交往，以及长期的自然和人为选择等影响，产生许多杏的实生群体。进行农业生物学、经济性状测定和分析测定等研究和调查，为新疆杏属植物及品种的分类提供了科学依据。1993～1997 年，伊犁地区园艺所承担、完成了新疆维吾尔自治区科委"建立伊犁野果林野生果树与农用植物种质资源圃"的研究项目，获得新疆维吾尔自治区科技进步三等奖。

　　1998～2000 年，中国科学院新疆生物土壤沙漠研究所阎国荣主持完成了国家自然科学基金资助项目"新疆野苹果遗传多样性"，研究主要结论为：

　　较系统全面地研究报道了新疆野苹果在我国的分布、生态学特征。伊犁和塔城两地区是我国落叶阔叶野果林分布面积最大，富有代表性的地区，但是果树林呈不连续分布。落叶阔叶野果林主要分布在新疆的伊犁、塔城以及阿克苏 3 个地区的 14 个县市范围内。

　　以不同性状为指标的新疆野苹果地理和生境居群特征测定和聚类分析表明，叶片性状受到生态环境的影响；而花粉、果实以及过氧化物酶分析显示出新疆野苹果丰富的种下变异，这种变异与居群所在的环境条件并没有明显的对应性，具有丰富的遗传基础。

　　新疆野苹果在我国分布面积约 8980hm^2，其中伊犁地区分布面积约为 8000hm^2，塔城地区分布面积约为 980hm^2。在新疆天山山区未发现野生红肉苹果 *Malus niedzwetzkyana*。与我国相邻的哈萨克斯坦山区野生苹果分布面积为 12 083hm^2，其中包括塞威氏苹果、吉尔吉斯苹果 *M. kirghisorum* 和红肉苹果 。

　　调查发现在新疆伊犁地区新源县南山分布着一株树龄至今约为 600 年的新疆野苹果古树，巨大的古树高达 12.9m，树冠开阔，树冠荫地 18.9m×15.3m，基径 2.38m，古树树体无明显的主干，形成五个巨大分支，该树仍然长势良好，枝叶茂盛，被当地人们称为"野苹果树王"，也被当地少数民族牧民尊为"神树"。

综上所述，关于新疆野生果树资源的研究，20世纪60年代以前主要集中在资源调查、地理分布、系统分类等方面，主要有新疆野果林资源分布（中国科学院新疆综合考察队，1959）；新疆野苹果生物学特性调查（张钊，1959）；新疆经济植物病害名录（张翰文，1960）；天山中部乔灌木病害调查（赵震宇，1960）等。60年代以后的研究工作多偏重于生态地理特征、植物演化、起源、代谢、结构、病虫害、资源与生态环境等方面，如天山野果林生态地理特征（张新时，1973）；新疆野核桃调查（严兆福，1984）；世界苹果属的分类（李育农，1989）；新疆抗寒果树种质资源（吴经柔，1989）；伊犁野果林生境起源（林培钧等，1991）；刘兴诗等（1993）对新疆伊犁野果林山地是否被第四纪冰川覆盖探讨；崔乃然、林培钧等（1991）对果树的野生近缘植物进行了形态植物学描述和研究；朱京林（1983）调查了新疆野生巴旦杏分布和生物学特性；张钊、严兆福、林培钧（1990），发表了新疆野苹果、野杏、野核桃林资源调查、生物学研究报告等；新疆森林病虫普查办公室（1983）编印了新疆森林病虫普查资料汇编；刘振坤（1984）发表了巩留野核桃病害考查简报；刘兴诗、林培钧（1993）进行了伊犁野果林生境分析和研究；还有伊犁野果林的起源（林培钧，1993）；新疆野苹果花粉形态与起源研究（杨晓红，1990）；新疆野生果树资源（王磊，1993，1997；阎国荣，1998，2001）等方面均作了研究和讨论。

第2章

影响新疆野生果树生物多样性的自然条件和因素

新疆维吾尔自治区（以下简称新疆）位于我国的西北边陲，面积为 166 万 km²，约占全国总面积的 1/6。它的北面与西面分别与蒙古、俄罗斯、哈萨克斯坦、吉尔吉斯斯坦毗邻，西南部和南部与塔吉克斯坦、阿富汗、巴基斯坦、印度等国接壤，其东部和南部分别与甘肃省、青海省和西藏自治区相连，是我国面积最大、国境线最长、交界邻国最多的省区。

新疆境内土地资源和光热资源丰富，拥有巨大隆升的山地和广阔的平原与谷地。与土壤和气候条件相适应，表现出多种多样和极富有特色的植物区系构成及植被。复杂多样的生态条件，不仅适合众多生物种类的生存和繁衍，也为新疆野生果树生物多样性的发生和发展提供了坚实的生态基础。现将影响和决定新疆野生果树生物多样性的若干自然条件简述如下。

2.1 地理位置与地貌

2.1.1 地理位置与海陆分布格局

新疆地处欧亚大陆腹地，东西长达 2000km，南北宽约 1600km。其自然地理坐标是，东经 73°32′~96°21′，北纬 34°32′~49°31′。以乌鲁木齐为中心，东至太平洋跨经度 30°约 3400km，西至大西洋跨经度 86°约 6900km，北至北冰洋跨纬度 30°约 3400km，南至印度洋跨纬度 20°约 2200km。由于所处的地理位置，以及远离海洋的分布格局，决定了新疆的大陆度和干燥度极强，是欧亚大陆中部一个典型的内陆干旱区域。在植物地理学上，位于中亚、蒙古、西伯利亚和中国—喜马拉雅等植物区系的结合部，其植物区系和植被表现出具有较强的复杂性和过渡性，使新疆野生果树生物多样性不仅较丰富且具有明显的特色。

2.1.2 地貌特征

新疆地域辽阔，地质构造复杂，其主要地表结构特征表现为高大山脉与盆地相间，自北而南分别为阿尔泰山、准噶尔盆地、天山、塔里木盆地和昆仑山，形成"三山夹两盆"的水平分布格局的地貌轮廓。

　　阿尔泰山为亚洲中部宏伟的山系之一，呈西北—东南走向，全长约 2000km，西段到达俄罗斯境内，东部延伸至蒙古人民共和国范围，阿尔泰山的中段位于新疆北部。山体西北部高耸、宽厚，向东南逐渐降低、变窄，海拔多在 2500 ~ 3500m，位于西部中俄边界的友谊峰为最高峰，海拔 4374m。阿尔泰山至新疆青河县，山体海拔高度只有 3000m，且山体厚度仅有 60km。在构造上，阿尔泰山属褶皱断块山地，阶梯状地貌发育，山顶准平原形态保存较好；山间盆地少，规模小；山前以深断裂与准噶尔盆地为界，发源于山地南坡的水系均向西流入哈萨克斯坦，使阿尔泰山区的物质很难进入准噶尔盆地内部，导致山前平原规模很小。

　　阿尔泰山的隆升和走向，对阻挡北冰洋寒冷气流的南侵多少起到了屏障作用，同时额尔齐斯河谷又形成了西来湿气流东进的通道。受其影响，使山体西部的迎风坡和南坡能够获得较多的降水，对中生植被的发育十分有利。另一方面，它的存在不仅使欧亚草原带在这里受到挤压、变窄或呈现不连续的水平分布，同时欧亚森林在这里也上升到山地，并成为它的南界。

　　天山山脉横亘中部，由大致呈东西走向的南天山、中天山和北天山构成，南北宽250 ~ 300km，东西长 2500km，海拔 4000 ~ 5000m，最高峰托木尔峰海拔 7435.3m。天山山脉是亚洲最大的山系之一，自西向东山体逐渐降低，并把新疆分成南疆（塔里木盆地）和北疆（准噶尔盆地）两大部分。天山北坡可接受西来的湿气流，获得较丰富的降水，使植被垂直带结构发育完整。南坡则比较干旱，旱生植被得到了较好的发育。

　　昆仑山位于新疆南部，在地理单元上包括帕米尔高原、昆仑山、阿尔金山和喀喇昆仑山。新疆境内的昆仑山东西长 1800km，南北宽 120 ~ 300km，环塔里木盆地南缘。走向明显转折，形成一列南向突出的弧形山脉。山体高度一般为 4000 ~ 6000m，高者可达 7000m以上。显著的地貌特征是隆起强度很大，风化剥蚀作用强烈，中山带有深厚的黄土覆盖，山脉北缘与盆地海拔高度相差悬殊，峡谷被深切割，有大量物质进入塔里木盆地，在山前形成宽阔的荒漠平原。该山地由于背向印度洋，又环抱塔里木盆地，降水极少，使荒漠和干旱草原成为最占优势的植被景观，对野生果树生物多样性的形成和发育十分不利。

　　阿尔泰山、天山、昆仑山与准噶尔盆地、塔里木盆地相间分布构成"三山夹两盆"的地貌格局，既对大气环流产生一定的影响，阻挡了海洋湿气流的侵入，又使新疆大部分地区被干旱、荒漠气候所笼罩，呈现出一派荒漠的景观，限制了野生果树的分布。同时，众多的"湿岛性"的山地又为野生果树生物多样性的形成提供了优越的空间。在新疆除了藜科、茄科、胡颓子科的少数野生果树分布于荒漠平原之外，绝大多数的野生果树均生长于新疆西部和北部的天山山脉和阿尔泰山，可见新疆山地对野生果树生物多样性分布的影响是十分明显的。

　　本书重点研究的伊犁地区即位于新疆的北疆西部，是新疆生态价值最高地带和现代自然环境最优越、生物资源最丰富、社会经济较发达地区。

2.2　水热条件

2.2.1　光热资源丰富

　　新疆是我国日照时间长、太阳辐射量大、光热资源最丰富的地区之一。据有关资料统计，新疆年日照时数为 2550～3500 小时，居全国之首。新疆年总辐射值受地形和下垫面制约。南疆多于北疆，东部多于西部，山区少于盆地。北疆一般为 5200～5600MJ／（m²·年），南疆一般为 6000～6200MJ／（m²·年），高于我国同纬度的其他地区，仅次于青藏高原。

2.2.2　气温变化大

新疆面积大，且地形复杂，海拔高度相差悬殊。与降水的时空分布规律类似，气温变化复杂，变幅很大（表 2-1），区域差异也非常明显。据记载，吐鲁番盆地极端最高气温曾达 47.7℃，阿勒泰地区富蕴县的可可托海曾出现过最低气温 -51.5℃ 的记录。

表 2-1　新疆部分气象台站年、月平均气温（℃）（1951～1980 年）（李江风，1991）

地点	1 月	2 月	3 月	4 月	5 月	6 月	7 月	8 月	9 月	10 月	11 月	12 月	年均
伊宁	-10.0	-7.0	2.6	12.1	16.9	20.5	22.6	21.6	16.9	9.4	0.9	-5.8	8.4
乌苏	-16.6	-13.0	-0.9	11.5	18.9	24.2	26.3	24.4	18.2	8.6	-1.9	-11.7	7.3
石河子	-16.8	-12.8	-0.8	11.1	18.3	23.1	24.8	22.7	16.7	7.7	-2.5	-12.0	6.6
乌鲁木齐	-15.4	-12.1	-4.0	9.0	15.9	21.2	23.5	22.0	16.8	7.4	-4.2	-11.6	5.7
奇台	-18.3	-15.1	-3.8	9.1	16.2	21.4	23.5	21.9	15.4	6.0	-5.1	-14.8	4.7
阿克苏	-9.3	-3.2	6.3	14.3	18.9	22.3	23.7	22.4	17.8	1.0	1.1	-6.7	9.8
库车	-8.4	-2.2	7.4	15.2	20.8	24.5	25.9	24.9	20.3	12.2	2.5	-6.1	11.4
库尔勒	-8.1	-2.4	7.0	15.1	20.9	24.6	26.1	25.5	20.0	11.7	2.3	-6.0	11.4
吐鲁番	-9.5	-2.1	9.3	18.9	25.7	31.0	32.7	30.4	23.3	12.6	1.8	-7.2	13.9
铁干里克	-9.4	-3.5	6.1	14.5	20.7	24.2	26.3	25.1	19.2	10.4	0.7	-7.2	10.7

2.2.3　积温高

在新疆≥10℃的初终日、持续日数和积温的等值线，都沿山脉走向与准噶尔盆地、塔里木盆地边沿呈闭合带状分布。北疆地区≥10℃的年积温为 2500～3900℃，而南疆地区的塔里木盆地和东疆地区均为 4000℃以上（表 2-2）。新疆的积温高、气温变化大，特别是日较差大，不仅适于很多温带果树的生长，也是形成新疆瓜果品质优良的重要保证因素之一。

表 2-2　日平均气温稳定≥10℃的初终日、持续日数和年积温（李江风，1991）

气象台站	初日 日/月	终日 日/月	初终期间 日数	积温 （℃）	气象台站	初日 日/月	终日 日/月	初终期间 日数	积温 （℃）
阿勒泰	4/5	27/9	146.9	2806.9	哈密	12/4	11/10	183.0	4038.3
富蕴	3/5	23/9	143.9	2619.8	库尔勒	4/4	19/10	198.7	4273.8
和丰	15/5	15/9	123.1	2066.8	库车	3/4	22/10	202.3	4300.7
塔城	2/5	28/9	150.3	2858.1	拜城	12/4	9/10	180.8	3327.3
克拉玛依	16/4	9/10	177.0	3968.1	铁干里克	6/4	16/10	194.8	4167.7
博乐	22/4	29/9	161.7	3137.9	巴楚	29/3	22/10	207.9	4363.7

（续）

气象台站	初日 日/月	终日 日/月	初终期间 日数	积温 （℃）	气象台站	初日 日/月	终日 日/月	初终期间 日数	积温 （℃）
精河	19/4	5/10	170.3	3582.5	喀什	2/4	23/10	205.5	4250.5
乌苏	19/4	5/10	169.6	3685.6	莎车	1/4	21/10	204.5	4162.5
石河子	20/4	2/10	166.1	3428.5	和田	27/3	24/10	211.1	4360.9
乌鲁木齐	2/5	3/10	154.3	3063.3	阿克苏	5/4	16/10	194.8	3799.9
奇台	26/4	30/9	158.0	3106.7	若羌	4/4	18/10	198.5	4353.9
吐鲁番	23/3	22/10	213.9	5391.3	且末	8/4	13/10	189.9	3853.1

2.2.4　降水少且分布不均

从整体降水及分布来看，新疆属于干旱少雨区域，由于地形复杂、地域辽阔、降水分布极不均匀（表 2-3），如西部山地的巩乃斯河上游一带，年降水可达 1000mm 左右，而地处吐鲁番盆地的托克逊年降水量只有 6.9mm，也有过年降水量为 0mm 的记录。新疆降水的一般分布规律为北部多于南部，西部多于东部，山区多于平原，迎风坡（北麓）多于背风坡。

表 2-3　新疆各山系年降水量分布（李江风，1991）

阿勒泰山南坡			天山西段伊犁河谷		
地　点	海拔（m）	年降水量（mm）	地　点	海拔（m）	年降水量（mm）
布尔津	474	118.9	察布查尔	600	205.8
哈巴河	533	170.5	霍城	640	218.9
阿勒泰	735	180.8	伊宁市	663	257.5
群库勒	1000	323.1	伊宁	770	333.0
森塔斯	1986	594.6	新源	928	479.7
阿祖拜	2500	456.0	新源冰雪站	1775	782.9

天山北坡中段			天山南坡中段		
地点	海拔（m）	年降水量（mm）	地点	海拔（m）	年降水量（mm）
蔡家户	441	127.6	尉犁	885	40.8
乌鲁木齐机场	654	195.3	库尔勒	932	50.1
哈地坡	928	258.0	焉耆	1056	64.6
制材厂	1400	362.5	和硕	1085	75.1
英雄桥	1800	483.8	和静	1101	50.6
小渠子	2160	534.2	巴仑台	1750	195.1
乌鲁木齐大西沟	3539	431.2	巴音布鲁克	2458	276.2

（续）

天山南坡西段			帕米尔东北坡		
地点	海拔（m）	年降水量（mm）	地点	海拔（m）	年降水量（mm）
巴楚	1117	44.7	喀什	1289	61.5
伽师	1209	54.0	阿克陶	1324	60.2
阿图什	1298	76.0	维他克	2000	187.2
乌恰	2137	163.3	克勒克	2300	143.2
巴音谷格提	2400	210.4	塔什库尔干	3091	68.3
吐尔尕特	3505	229.0	布仑口	3500	155.1

　　新疆的水热条件中，水分不足尤其突出，特别是在平原地区和低山丘陵地带，成为限制和决定植物分布和生长的主要因素。本区是灌溉农业区，无灌溉即无农业。因此，对新疆野生果树生物多样性的形成十分不利，但光热资源却很丰富，能够满足各种温带果树的生长发育之需要。新疆水果品种多、质量好、产量高，被誉为"瓜果之乡"，这与新疆的特殊地理位置及丰富的光热资源等关系十分密切。

2.3　水土资源

　　新疆水资源有限，气候干热，但土地资源十分丰富，是我国今后土地开发最有发展前景的区域之一。土地开垦后管理不善，则容易产生盐渍化和荒漠化等问题。在山地，由于气候的垂直变化，形成景观的垂直差异。北疆气候比较湿润，山地垂直景观带谱完整，土地类型多样，从山麓向上依次为荒漠棕钙土→草甸草原黑钙土（伊犁为灰钙土→干草原栗钙土）→针叶林灰褐土（阿尔泰山为灰色森林土）→亚高山草甸土→高山草甸土→高山裸岩和倒石堆→高山冰川。南疆气候干旱，垂直景观带谱不完整，从山麓向上的土壤依次为裸岩石质土→荒漠棕钙土→干草原栗钙土→亚高山草原土→高山草甸土（昆仑山不成带）→高山荒漠土→高山冰川。南疆山地，缺乏亚高山草甸和草甸草原黑钙土带，森林土地呈断续小块分布。昆仑山和阿尔金山更加干旱，且缺乏山地干草原土带。在山地不同的景观带上有不同的植被类型，其生物种类和生产力也不相同，形成不同农业地域类型。但总的来说，山区由于地形坡度限制，不宜农而适合牧林业发展，山地草原和森林植被还有涵养水源的功能。这样，在新疆便形成了山地以牧业、林业为主，平原以农业为主，自然条件互补的资源优势，对发展大农业有利。

　　高大的山脉，能拦截湿润气流，使得山地降水较多，成为荒漠地区的湿岛。山区（约占土地面积40%）总降水量为2048亿 m³，占全疆降水量的84.3%。因为新疆的山脉高大，高山之上多有冰川和永久积雪分布，新疆的冰川总面积24 479km²，冰川储水量25 800亿 m³，为高山固体水库，对新疆水资源起着巨大的调节作用。

　　山地由于降水多，成为地表径流的形成区，孕育了大小河流570余条，年地表水资源量793亿 m³，河流总径流量884亿 m³。山地的降水和地表径流，对野生果树资源的形成和发展十分有利。

第 3 章

研究区域概况和研究的目的、意义及方法

3.1　重点研究区域——伊犁地区自然条件

新疆伊犁——西天山自然保护区（伊犁、新源、霍城、巩留），是我国生物多样性特殊地区之一（陈昌笃，1993），是西北荒漠区中生物区系最复杂的区域，区内分布着珍贵的第三纪残遗植物新疆野苹果（塞威氏苹果）*Malus sieversii*、野扁桃 *Amygdalus ledebouriana*、新疆野核桃 *Juglans regia*、野杏 *Armeniaca vulgaris*、樱桃李 *Prunus cerasifera*，新疆天山野果林是我国特殊的阔叶林森林生态系统类型。其生物多样性在我国占有相当重要的地位。其中新疆野苹果、野扁桃、新疆野核桃、野杏在我国仅分布于新疆天山山区伊犁及塔城等地，已被列为中国优先保护物种名录（"中国生物多样性保护行动计划"总报告编写组，1994）、国家具有生物多样性国际意义的优先保护物种和中国濒危二级重点保护植物（陈灵芝，1993；傅立国，1992）。开展新疆伊犁地区生物多样性研究，在我国不仅具有特色，而且也具有国际意义。目前，伊犁地区已建立 6 个地方自然保护区，如霍城四爪陆龟自然保护区、巩留野核桃自然保护区、巩留雪岭云杉保护区、伊宁小叶白蜡 *Fraxinus sogdiana* 自然保护区、新源草原自然保护区、黑蜂自然保护区。

伊犁地区分布有我国最大的落叶阔叶野果林，新疆野生果树资源十分丰富，根据崔乃然等（1991）调查研究，新疆野生果树植物种类有 47 种，经过多年的调查、整理和研究，新疆野生果树植物（半野生果树未统计在内）有 12 科 28 属 104 种（1 变种、1 亚种）（阎国荣，1998），其中分布在伊犁地区的野生果树就有 81 种，占新疆野生果树总数的 77%。新疆野生果树中有许多珍稀种质资源，在人类农业史中做出了巨大的贡献，也是我国重要的果树起源地之一。

伊犁地区总面积 5.6 万 km²，仅占新疆国土面积的 0.034%，但该地区植物、动物、微生物资源极为丰富，据 20 世纪 60 年代植物区系调查，新疆有高等植物 107 科 654 属 2419 种（新疆植被及其利用，1970）；据 70 年代调查，新疆有高等植物 114 科 827 属 3474 种（新疆植物名录，1975）；据近期资料统计，新疆高等植物有 161 科 846 属 4081（3905）种 176 变种，种子植物有 95 科 675 属 3600 种，而在伊犁地区分布的植物约有 2000 种，在我国仅分布于新疆的植物就有 1734 种。随着研究的不断深入，将进一步挖掘

和发现更多的资源和种类。新源野果林野生果树与农用植物种质资源圃（海拔 1320m），为我国天山野果林生物物种、遗传资源和生态系统多样性的保护、研究、开发和永续利用提供了长期的研究基地，以就地保护和异地保护相结合的方式，研究、收集和保存具有特殊价值的生物种质资源。

3.1.1　降水

据气象资料，输送至新疆上空的水汽总量为 11 540 亿吨，主要来自西方和北方，来自大西洋的气流虽经远距离输送，但途经中亚地区上空很少受阻，途中又有地中海、里海、咸海等水域的水汽补充，故当进入伊犁谷地后，受地形的阻挡抬升，便在地处迎风坡的研究区域形成较为丰富的降水。另一方面，来自北冰洋的气流在向东南方向移动时经由乌拉尔山南部进入伊犁地区，同样可形成部分降水。伊犁地区年降水量与海拔高度密切相关，山区与平原降水量的变化明显不同。

伊犁谷地地处新疆西部，谷地西端的霍城县海拔 640m，年降水量约 218mm，而谷地中部的巩留海拔约 775m，年降水量约为 257mm。降水随海拔高度的递增率为 29mm/100m。在东端新源巩乃斯谷地，种羊场海拔约 800m，年降水量为 264.7mm。位于巩乃斯谷地以东的中国科学院天山雪崩站，海拔 1775m，降水量为 825.9mm，最多达 1140mm，形成最大降水带，其递增率为 63mm/100m。

在北疆范围内，伊犁地区的蒸发力为最小，平均仅 1200～1600mm，并且与降水变化趋势相反。在伊犁地区蒸发力以地处最西部的霍尔果斯站为最高，达 1883.9mm，而东部的山区蒸发力则低于 1200mm。显然，研究区域不仅是新疆降水量较高的地区，且蒸发力也低，是全疆水分条件最优越的地区之一。

3.1.2　气温

以天山为界，南北疆年均温差异显著，其趋势是南疆高于北疆。在北疆地区，各站气温年和季节变化也不尽相同。伊犁地区则是非常特别的区域。伊犁谷地也由于逆温层的存在和地形的屏障作用，各站的 1 月平均气温均较北疆平原各站为高，而成为新疆冬季最暖的区域。新疆最热月份，南北疆温度差异不大，但伊犁地区与北疆其他各站的差异却较显著，即伊犁地区 7 月份气温是全疆最低的区域。10 月份，新疆各地气温迅速下降，而伊犁地区则较其他地区更晚地进入冬季，是新疆秋季最长的地区，其初霜日也是北疆较迟的地区之一。由此不难看出，伊犁地区也是北疆年较差最小的地区，且春、冬季漫长，夏秋季短暂。

3.1.3　土壤

伊犁地区独特的地形和水热条件，决定了该区域的土壤分布不仅具有水平地带性，而且还有垂直地带性。灰钙土是伊犁地区的地带性土壤，是新疆唯一的灰钙土分布区。在空间上灰钙土在欧亚大陆主要分布于中亚地区、蒙古和我国西北地区。

伊犁地区的灰钙土主要分布在海拔较低的丘陵和河谷平原地带，其形成的生物气候条件为年平均温度 7.5～9℃，年降水量 200～300mm，年蒸发力 1422.5～1883.9mm，为降水的 5～8 倍，干燥度 2～4。通常夏季温暖干燥，而春、冬季温和湿润，因而几乎整个冬春半年土壤湿度都比较大，十分有利于土壤中碳酸盐的溶解和向下淋洗；夏季温度较春季高，且干旱，加之植物的蒸腾作用，故碳酸盐又随水分向剖面上部迁移，并以假菌丝体形式沉积（叶玮，1999）。

天山山地野果林主要分布于海拔 900～1600m，该地带地层主要由白垩纪、第三纪的砂砾岩、页岩组成，其上覆盖黄土，年降水量可达 600～1000mm，落叶阔叶野生果树林生长茂盛，新疆野苹果、野核桃林多分布于较深厚的黄土或黄土状母质上，土壤具有较厚的腐殖质，呈黑棕色，质地适中，结构良好，疏松多孔富含碳酸盐和盐基物质，肥力较高（佘定域、林培钧等，2000）。

总之，伊犁地区、塔城地区地处天山中段和准噶尔西部山地，受独特的地形条件影响，受惠于来自西方暖湿气流的滋润，其气候特点与新疆其他区域有着显著不同，是一个非常特殊的地区。它不仅与东部季风区有明显不同，也与新疆的北疆其他地区及南疆不一样，正如白肇华等人在《中国西北天气》一书中所分析的那样，由于北疆西北区域位于新疆脊后，受来自里海槽前西南气流的影响，与其西方的冬雨气候区相联系，而与中亚的哈萨克斯坦、吉尔吉斯斯坦一带同属一个天气气候区。

3.2 研究的目的及意义

新疆野生果树是我国珍贵的自然财富。开展新疆野生果树生物多样性研究，对于新疆野生果树资源保护和永续利用都具有重要的理论和实践指导意义。

首先新疆野果林是我国特殊的阔叶林森林生态系统类型。新疆伊犁——西天山自然保护区（伊犁、新源、霍城、巩留），是我国生物多样性特殊地区之一（陈昌笃，1993），区内分布着新疆野苹果、新疆野核桃等珍贵的第三纪残遗植物，由其所组成的新疆野果林阔叶林森林生态系统，已被列为中国优先保护的生态系统名录（中国生物多样性保护行动计划总报告编写组，1994）。开展新疆野生果树生物多样性研究，在我国不仅具有特色，而且也具有国际意义。通过本项目研究，不仅可促进新疆珍稀植物类群的深入研究，而且对于中亚地区野果林的形成、系统和演化及其相互关系的研究，都具有重要的科学意义。

伊犁地区动物资源极为丰富，已知鸟类 250 余种、兽类约 63 种、两栖爬行动物约 11 种。目前，该地区及相邻地区已建立约 7 个自然保护区，如霍城四爪陆龟自然保护区、巩留野核桃自然保护区、巩留雪岭云杉保护区、伊宁小叶白蜡自然保护区、新源草原自然保护区、托木尔峰自然保护区、巴音布鲁克天鹅湖自然保护区等，大部分地区已被列为亚洲的"重要鸟区"（Important Bird Area，简称 IBA），对保护生物多样性起到积极作用。

著名的新疆野果林是我国以及新疆特殊的野生生物资源分布区，野果林是我国重要的生物资源基因库，分布区内不仅有许多珍稀野果树类群和近百余种野生果树及其近缘植物。其中包括许多属于国家珍稀濒危保护的动物、植物种类，在野果林地域还分布有许多珍贵的野生花卉、香料、中草药以及工业原料等价值较高的生物资源。是新疆种类最丰富、分布最集中、面积最大、利用价值最高的特殊野生生物资源分布区和中国生物多样性保护的关键地区。然而目前野果林生境在退化，物种在消失，资源在减少，生物多样性面临严重的生态危机。因此，研究新疆野生果树生物多样性，无论在开发利用，还是在生物多样性保护等方面，对当地、国家乃至国际上都有重要意义。

野生果树是一类特殊的生态资源。野生果树及其丰富的共生物种是新疆生物多样性的主要组成部分，它在新疆分布广泛，对稳定和维持新疆农业生态系统的平衡和发展更具有十分重要的生态意义。天山野果林作为山地植被垂直带结构的一个重要组成部分，更具有景观、资源、水土保持、保护绿洲和牧场的重要意义。另外，伊犁"山花蜂蜜"驰名全国，在近年来在伊犁地区蓬勃兴起的生态旅游热中，野生果树及其独特的天山野果林则是这些事业兴旺发达的重要支撑和宝贵的生态资源。可见，本研究不仅对当地经济的发展是一项有力的支持，其研究成果对保护资源、新疆农牧业可持续利用将产生重要作用。

新疆野生果树资源量大、特有种多、基因型丰富和经济价值高。新疆野生果树种类丰富，分布面积广，部分野生果树的种、属虽呈狭域性分布，但资源量较大，如新疆野苹果、新疆野核桃、野巴旦杏、野生樱桃李、野杏等在我国仅局限于新疆分布和特有。据统计，新疆沙棘 *Hippophae rhamnoides* 集中分布在伊犁、博乐塔拉、阿克苏、克孜勒苏、喀什及和田等地、州，覆盖度大于 40% 的沙棘纯林面积 1.8 万 hm^2（人工林 0.43 万 hm^2），其中南疆有 0.67 万 hm^2，占 37%，北疆 1.13 万 hm^2，占 63%，估计全疆年产鲜果量近万吨。新疆沙棘类型繁多，从植株形态、有刺、疏刺、枝条色泽、果形、大小、果色，分为 20 多种类型，蕴涵着丰富的基因型。

塔城地区的野扁桃（野巴旦杏）资源，每年向外省区调出部分种子，塔城地区有野生蔷薇 9 种，分布范围 6.3 万 hm^2，疏密度 0.3 以上者约 4 万 hm^2，估测果实年产量可达万余吨。

此外，在新疆还分布许多种蔷薇，果实中含有丰富的 Vc、Ve 和胡萝卜素，是优良的高维生素植物资源，如腺齿蔷薇 *Rosa albertii* Vc 含量高达 3240mg/100g，是我国 22 种野生蔷薇果实 Vc 含量最高的种类，弯刺蔷薇 *Rosa beggeriana* Vc 含量高达 3159mg/100g，疏花蔷薇 *Rosa laxa* Vc 含量达 2967mg/100g，Ve 和胡萝卜素含量也特别高（表 3-1）。新疆的蔷薇资源丰富，是一类具有较高开发利用价值的野生果树。它们在果实经济性状和维生素含量方面各有其特点，是引种栽培、选种育种的宝贵材料。应加强对新疆野生蔷薇资源和蔷薇果加工技术方面的研究，使本区的野蔷薇果纳入合理利用的轨道，将蔷薇的栽培和加工业提高到新的水平。

表 3-1　新疆蔷薇果实性状和重要维生素含量（何永华等，1994）

名　称	最大单果重（g）	果肉含水量（%）	Vc（mg/100g）	Ve（mg/100g）	胡萝卜素（mg/100g）	分布地
腺齿蔷薇	0.86	73.1	3240	1.52	5.63	新疆阜康
疏花蔷薇	1.43	79.2	2967	3.37	15.75	新疆伊犁
弯刺蔷薇	0.53	79.6	3159	3.32	11.25	新疆伊犁
宽刺蔷薇	1.14	63.8	2093	1.78	13.12	新疆伊犁

综上所述，新疆野生果树及其所形成的天山野果林生态系统，不仅是一类有较大价值的经济资源和生态资源，同时也是野生果树生物多样性研究的良好的天然实验室，因此，本项研究具有十分重要的学术意义和实践意义。

根据新疆野生果树资源的特点，本书以新疆野生果树为对象，在生物多样性的 3 个层次上，采用宏观与微观相结合、调查与分析相结合的技术路线，在对全疆的野生果树生物多样性进行研究的同时，并对新疆野苹果、野杏、新疆野核桃、野生樱桃李等珍稀濒危果树进行重点研究，旨在为新疆野生果树种质资源的合理保护、永续利用提供科学依据。

3.3 研究对象

以新疆干旱、半干旱区分布的野生果树为对象，进行了新疆野生果树物种多样性、生态系统多样性研究，并选择被列为我国二级重点保护植物的新疆野苹果、新疆野核桃、野杏、野扁桃、野生樱桃李、野生欧洲李等珍稀濒危野生果树为主要研究对象，研究其种群的分布、结构等，并以居群为单位，对新疆野苹果的遗传多样性进行了研究。

3.4 研究方法

由于新疆土地辽阔、地形复杂多样、植被类型十分复杂，加上研究经费、人员等条件所限，本研究根据具体情况，采用了较为切合实际的思路和方法。

3.4.1 文献资料检索

利用现代的科学技术和手段，对中外的有关文献进行查阅，分别在日本和中国多次采用国际联机检索、光盘检索、互联网和人工检索等方法，获得国内外关于野生果树的研究文献 300 余篇。组织翻译并出版俄文专著"哈萨克斯坦的野生果树"一本，约 10 万字；以及俄文文献"关于 *Malus sieversii* 的记载"，对于了解和掌握中亚地区野生果树的种类、分布、起源和演化，获得了可靠的证据和资料。全面了解和掌握新疆野生果树的种类、数量、分布区、分布图等相关资料和文献，收集编研绘制野果林分布图的基础资料。

3.4.2 野外调查及分布图绘制

本项目的研究范围是新疆维吾尔自治区，以伊犁和塔城两地区为重点研究区域，同时考察了南疆部分地区以及哈萨克斯坦和吉尔吉斯斯坦的山区。考察行程合计约为 12 000km。调查过程中，采集植物标本近 2000 份，共拍摄照片正片 500 余张，负片 1500 余张。

1996～2000 年的 5 年间，共进行了 10 余次野外调查，其区域、考察路线及时间具体如下：

①乌鲁木齐→伊宁→新源，1996 年 8 月 1～15 日，主要调查种类分布，采集植物标本和野果树果实；

②乌鲁木齐→伊宁→新源，1997 年 4 月 20 日至 7 月 15 日，主要为种类调查、标本采集、样方调查，花粉、叶片等试验材料采集；

③伊宁→巩留→特克斯→尼勒克→新源→霍城，1997 年 5 月 20 日至 6 月 15 日，采集标本、调查种类分布，样方调查；

④乌鲁木齐→新源→尼勒克→霍城，1997 年 8 月 2～12 日，采集果实和植物标本，样方调查；

⑤乌鲁木齐→伊宁→新源，1997 年 10 月 20～25 日，采集果实和植物标本，调查样方；

⑥乌鲁木齐→吐鲁番→库尔勒→轮台→民丰→和田→喀什→阿克苏→乌鲁木齐，1997 年 8 月 31 日至 9 月 10 日，主要是对荒漠地区野生果树分布的考察；

⑦乌鲁木齐→塔城→托里→额敏，1998 年 5 月 15～24 日，1998 年 8 月 20～25 日，采集花粉等试验材料，调查种类分布等；

⑧乌鲁木齐→伊宁→新源，1998 年 4 月 20～28 日，1998 年 8 月 10～18 日，采集果实和植物标本；

⑨乌鲁木齐→哈萨克斯坦野果林→吉尔吉斯斯坦，1999 年 7 月 29 日至 8 月 8 日，采集果实和植物标本；

⑩乌鲁木齐→伊宁→新源→巩留，2000 年 4 月 22 日至 5 月 28 日，8 月 5～18 日，采集果实和植物标本。

标本采集：以伊犁、塔城两地区的新源县、巩留县、霍城县、特克斯县、尼勒克县、额敏县、托里县、塔城市为重点区域，野外采集野生果树、林下草本植物、昆虫、果树病害标本。

调查以点面结合的方法进行。在普遍调查新疆野生果树种类、地理分布的基础上，对重要的珍稀濒危野生果树进行定量调查，分析它们在植物群落中的地位、种群结构和更新情况等。于 1996 年 8 月至 1998 年 10 月，在新源、巩留、霍城、额敏和托里的野果林中，随机设立样点进行调查。在样点中随机设立样方。乔木层以点象法记录株数，测定基径。草本层样方面积为 1m×1m，调查每种草本植物的种类、频度和生物量。在新源交托海野果林中设立样点进行定点调查，样地面积为 100hm^2，在样地中随机选取样方 50 个，记录野果林内树种的基径、年龄、高度、树冠大小等。新疆野苹果、野核桃树调查分级标准见表 3－2。

表 3－2　野生果树调查分级标准

等级	分级标准	树龄范围
Ⅰ	幼苗 H <30cm	5 年以下
Ⅱ	幼树 H >30cm，DBH <2.5cm	6～10 年
Ⅲ	小树 DBH 2.6～15cm	11～20 年
Ⅳ	中树 DBH 16～25cm	21～40 年
Ⅴ	成树 DBH 26～35cm	41～60 年
Ⅵ	大树 DBH 36～60cm	61～80 年
Ⅶ	特大树 DBH 60cm 以上	80 年以上

野外调查时，采用 GPS（全球卫星定位系统）测定调查地点、区域以及野生果树分布地的准确经纬度、海拔高度，从而编制新疆主要野果林分布图。

为了解野果林的开发利用情况，野外还进行了社会调查，了解当地居民的生产活动对果树资源的影响，以及开发、利用的果树种类、用途、加工利用和栽培方法等。

3.4.3 野果林小气候观测

本内容是同伊犁地区园艺研究所合作进行的。选择新疆伊犁地区具有代表性的天山落叶阔叶野果林—新源交托海野果林，海拔 1320m。1997 年 4 月，建立野果林气象观测哨，在观测场设立大、小百叶箱、雨量计、湿度自记仪、温度自记仪、成套的温湿度计，连续两年每日观测 4 次，分别在 0 时、8 时、14 时和 20 时记录气温、最高气温、最低气温、湿度、降水量、地温（离地面 5cm、10cm、15cm、20cm）、地表最高温度及最低温度等 10 余项气象要素。

3.4.4 实验分析

分析了新疆重要野生果树的花粉形态和特征。以新疆野苹果为对象，以不同生境、地理气候特点的居群为单位，以花粉、果实、叶片、过氧化物酶同工酶等 4 个方面分析野苹果的遗传多样性特点。

3.4.4.1 花粉多态性

（1）材料来源 对采自不同居群的新疆野苹果和部分较古老的栽培苹果品种的花粉形态特征进行了研究。共采集 39 份花粉材料。每份材料测量 20 粒花粉。材料来源见表 3 - 3。

表 3 - 3 花粉样品编号及来源

序号	采集地	时间
1 ~ 4	新疆塔城托里	1998 年 5 月
5 ~ 9	新疆塔城额敏	1998 年 5 月
10 ~ 27	新疆霍城大西沟	1998 年 5 月
28 ~ 30	新疆伊犁新源	1997 年 4 月
31 ~ 35	新疆塔城市园艺场	1998 年 5 月

（2）方法 以 Erdtman 的"醋酸酐分解法"处理花粉材料，具体步骤如下。

在解剖镜下取出花药置于干燥的指形管中→研磨成粉末→在管中加入冰醋酸，适当振荡→离心弃去上清液→加入分解液，水浴加热直至沸腾→离心弃去上清液→在沉淀中加入无水乙醇，依次进行离心，除去花粉中的水分→离心后，将处理好的花粉置于样品台上，应用 OLYMPUS 显微镜进行观察和测定，并用 EH1935 型扫描电镜进行拍照。

（3）统计分析 在显微镜下测定花粉长、宽，计算 P/E 值，沟间距、沟宽，计算每份材料上述指标平均值。以这 5 个性状为计算指标，根据标准欧氏距离法计算各居群间及居群内的欧氏距离（相异系数），建立相异系数矩阵，以组平均法为聚合策略进行聚类分析。

式中：d_{ij} 表示样本 i 与样本 j 之间的距离；i，$j = 1$，$2 \cdots n$，x_{ik}，x_{ik} 分别表示样本 i 和 j 中第 k 种指标的数值。根据聚类分析结果，分析新疆野苹果居群间和居群内的变异特点。

$$d_{ij} = \sqrt{\sum_{k=1}^{m} \left(x_{ik} - x_{jk} \right)^2}$$

3.4.4.2 果实多态性

1997 年 8 月和 1998 年 8 月，在新源、霍城、托里和额敏新疆野苹果林居群内，采集成熟果实，共采集 38 份样品。每份样品测定 5 ~ 20 个果实。材料来源见表 3 - 4。

表 3 - 4 果实样品编号及来源

序号	采集地	时间
1 ~ 3	新疆塔城托里	1998 年 8 月
4 ~ 13	新疆塔城额敏	1998 年 8 月
14 ~ 31	新疆霍城大西沟	1998 年 8 月
32 ~ 38	新疆伊犁新源	1997 年 8 月

测定果实的横径、纵径、果梗长、果梗粗等，计算每份样品的平均值。并对果实的外形、横切面和纵切面进行拍照。

3.4.4.3　叶片的多态性

样品采自新源、托里和额敏 3 个居群。选择生长良好的一年生中庸枝，从枝梢向下数第五至八片叶。共采集 23 份样品，每份样品取 20 枚成熟叶。测定叶片长、叶片宽、P/E 值、叶柄粗、叶柄长等性状，计算每份样品的平均值。以 23 份样品为分析对象，以上述 5 个性状为指标进行聚类分析。聚类分析方法见花粉多态性分析。叶片材料来源见表 3 - 5。

表 3 - 5　叶片样品编号及来源

序号	采集地	时间
1 ~ 9	新疆伊犁新源	1998 年 8 月
10 ~ 14	新疆塔城托里	1998 年 8 月
15 ~ 23	新疆塔城额敏	1998 年 8 月

3.4.4.4　过氧化物同工酶多态性

（1）材料来源　以新鲜的新疆野苹果以及部分栽培苹果的叶片为材料进行过氧化物同工酶的多态性分析。材料来自于新源、额敏、托里 3 个居群，共采得 21 个样品（表 3 - 6）。

表 3 - 6　材料来源及采集号

代号	名称	采集地	标本存号
1 ~ 9	新疆野苹果	新疆新源	XY - 1 至 XY - 9
10 ~ 12	新疆野苹果	新疆托里	TY - 1 至 TY - 3
13	金塔干	新疆塔城	栽培苹果
14	阿尔波特	新疆塔城	栽培苹果
15 ~ 16	甲塔干	新疆塔城	栽培苹果
17 ~ 21	新疆野苹果	新疆额敏	EY - 1 至 EY - 5

（2）电泳方法

①样品制备：取已冷冻的样品，精选鲜、净叶片，剔除叶脉，分别称取 0.5g，切碎置预冷研钵中，加入 pH8.0 的 Tris-Hcl 缓冲液 2 ~ 3mL，研成匀浆，将匀浆倒入指形管中，经 12 000r/min 离心 10 分钟，取上清液贮于 0 ~ 4℃ 的冰箱备用。

②贮液、缓冲液制备：预先制备贮液、缓冲液，放置冰箱中备用（表 3 - 7、表 3 - 8、表 3 - 9）。

缓冲液制备方法：

A. Tris-Hcl 缓冲液制备：0.1M Tris-Hcl，pH 调至 8.0（Tris 1.21g，用 Hcl 调 pH 至 8.0，加水至 100mL）。

B. 电极缓冲液制备，使用时稀释 10 倍（表 3 - 7）。

表 3-7 分离胶贮液及凝胶溶液配方

		贮 液	4.5% 分离胶溶液
I	N 液	Acr 29.2g	3.35mL
		Bis 0.8g	
		加蒸馏水至 100mL	
II	L 液	Tris 27.2g（SDS 0.6g）	2.5mL
		H_2O 120mL	
		用 Hcl 调至 pH8.8	
		加蒸馏水至 150mL	
	蒸馏水		4.0mL
	TEMED		5mL
	过硫酸铵	7% 过硫酸铵溶液	5mL

表 3-8 浓缩胶贮液及凝胶溶液配方

		贮 液	10% 凝胶溶液
I	N 液	Acr 29.2g	1.15mL
		Bis 0.8g	
		加蒸馏水至 100mL	
II	L 液	Tris 9.08g（SDS 0.6）	1.9mL
		H_2O 140mL	
		用 Hcl 调至 pH6.8	
		加蒸馏水至 150mL	
	蒸馏水		4.5mL
	TEMED		5mL
	过硫酸铵	7% 过硫酸铵溶液	5mL

表 3-9 电极缓冲液配制表

成 分	数量
三羟基氨甲烷（Tris）	3.02g
甘氨酸（Gly）	14.4g
十二烷基磺酸钠（SDS）	1g
用蒸馏水溶解至 100mL	

③电泳：采用垂直平板聚丙烯酰胺凝胶电泳系统，配制 10% 分离胶，4.5% 浓缩胶。分离胶在室温下放置 40 分钟即可完全聚合，浓缩胶在室温下放置约 20 分钟完全聚合。

在电泳槽中加入电极缓冲液，电泳在 4℃下进行。起始电流为稳流 20mA。约半小时，溴酚蓝标记跑至分离胶界面，且压为一条直线，随后，将电流调至 30mA，直至前锋标记线至胶底，时间约 1 小时。

④染色：染色采用联苯胺染色法，具体配方如下：

染色液一：联苯胺 3g　　　　醋酸 2.5mL

醋酸 buffer（缓冲液）90mL（醋酸 buffer 配制：醋酸 5.77mL，H_2O 260mL，醋酸钠 13.6g，pH 调至 4.8，调至 1000mL）。

染色液二：H_2O_2（31%）0.25mL，加水至 300mL。

电泳结束后，立即将凝胶放入染色液一中，均匀地摇晃，约 15 分钟后，将凝胶移入染色液二之中，待酶谱呈现清晰颜色后，倾倒染色液，用蒸馏水冲洗 2～3 遍，干燥固定，进行酶谱记录，分别记载每样品的酶带数目，测算 Rf 值，绘制酶谱谱带图。最后拍照保存。

（3）聚类分析　利用来自新疆野苹果 3 个地理居群的 17 个样品和部分栽培苹果品种 4 个样品。将分析出过氧化物酶表现的谱带列成数据矩阵表，根据 Jaccard 公式计算相似系数，并进行聚类分析。

第4章

新疆野生果树植物物种多样性

此前，关于新疆野生果树种类的报道多数仅记录了部分种类或局部地区的种类及分布，并且所涉及的种类有限，作为野生果树进行专门记录和报道的种类多者也仅为 30～50 种，尚无全面记录新疆野生果树种类及分布的综合性报道。

4.1 新疆野生果树物种多样性

经多年调查研究，掌握并综合大量研究资料，现就新疆野生果树的种类、生态分布等特点总结如下：

4.1.1 松科 Pinaceae

（1）松属 *Pinus* L.

1）西伯利亚红松 *P. sibirica* Du Tour. 分布于阿尔泰的布尔津、哈巴河林区，西伯利亚广泛分布。坚果球形硕大，种子可供食用或榨油。

4.1.2 核桃科 Juglandaceae

（2）核桃属 *Juglans* L.

2）新疆野核桃 *J. regia* L. 也称野胡桃、野核桃等，野生分布于伊犁地区巩留县海拔 1400～1700m 的山地，霍城县大西沟、小西沟海拔 1450～1550m 的山地也有零星分布，与栽培核桃同属一个种，核桃生产栽培地主要在阿克苏、和田、喀什。野核桃在中亚的哈萨克斯坦、吉尔吉斯斯坦、中亚南部、伊朗、阿富汗等地也有分布。

4.1.3 虎耳草科 Saxifragaceae

（3）茶藨子属 *Ribes* L.

3）高茶藨 *R. altissimum* Turcz. ex Pojark 分布于青河、富蕴、福海、阿勒泰等县的山地针叶林下，海拔 1600～1800m。蒙古和西伯利亚也有分布。

4）红花茶藨 *R. atropurpureum* C. A. Mey. 分布于阿尔泰山区（布尔津县西北）的林缘。蒙古和前苏联也有分布。

5）臭茶藨 *R. graveolens* Bge. 分布于阿尔泰山西北山区（布尔津县叶门盖迪）青河、富蕴、福海、阿勒泰、布尔津、哈巴河、温泉等地，生于高山石缝。

6）小叶茶藨 *R. heterotrichum* C. A. Mey. 分布于阿勒泰、青河、富蕴、福海、布尔津、哈巴河、木垒、奇台、乌鲁木齐、伊宁、玛纳斯、塔城、和布克赛尔、额敏、裕民、托里和天山东部巴里坤的山地灌木丛及石质山坡。中亚和西西伯利亚也有分布。

7）天山茶藨 *R. meyeri* Maxim. 另有 1 个变种。

A. 天山茶藨（原变种）*R. meyeri* var. *meyeri* 分布于天山和昆仑山的云杉林缘，阿勒泰、青河、布尔津、哈巴河、木垒、阜康、乌鲁木齐、石河子、沙湾、托里、霍城、巩留、昭苏、阿克陶、乌恰、叶城。

B. 天山毛茶藨（变种）*R. meyeri* var. *tianschnicum* C. Y. Yang et Y. L. Han 分布于天山中部的云杉林缘，海拔 1900～2000m。

8）黑果茶藨 *R. nigrum* L. 分布于阿尔泰山、塔城、奇台、乌鲁木齐、伊宁、昭苏、特克斯、伊吾、塔什库尔干，生于河谷。

9）美丽茶藨 *R. pulchellem* Turcz. 分布于博格达山、阜康、伊犁山区等地。蒙古、西伯利亚也有。

10）石生茶藨 *R. saxatile* Pall. 分布于阿尔泰山、塔城和天山的前山、低山带旱坡灌木丛中。中亚和西西伯利亚也有分布。

（4）醋栗属 *Grossularia* Mill.

11）刺醋栗 *G. acicularis*（Smith）Spach 分布于阿勒泰、青河、富蕴、布尔津、哈巴河、额敏、托里、巴里坤、乌恰等山地林缘、灌丛或石坡。

4.1.4　蔷薇科 Rosaceae

（5）唐棣属 *Amelanchier* Medic.

12）卵叶唐棣 *A. ovalis* Med. 野生，分布于伊犁天山中。

（6）桃属 *Amygdalus*

13）野扁桃 *A. ledebouriana* Schlecht. 也称野巴旦杏，主要分布于塔城巴尔鲁克山，其次在塔尔巴哈台山、托里老风口、阿尔泰哈巴河流域的山麓有零星分布。海拔900～1200m。哈萨克斯坦、吉尔吉斯斯坦也有分布。

（7）杏属 *Armeniaca* Mill.

14）野杏 *A. vulgaris* Lam. 主要分布于伊犁河谷山麓地带，海拔 1000～1400m。新源、伊宁、察布查尔、霍城、巩留。中亚也有分布。

（8）樱桃属 *Cerasus* Juss

15）灌木樱桃（草原樱桃）*C. fruticosa*（Pall.）G. Woronov. 野生，分布于伊犁、塔城干旱坡地，海拔 1100～1500m。塔城、乌鲁木齐、石河子、伊宁等地有栽培。

16）天山樱桃 *C. tianschanica* Pojark. 野生于塔尔巴哈台和伊犁天山山地河谷内，稀疏分布呈矮小灌木，见于塔城、博乐、霍城及察布查尔等地。中亚也有分布。

（9）栒子属 *Cotoneaster* B. Ehrhart.

17）少花栒子 *C. oliganthus* Pojark. 野生，分布在伊犁、塔城、乌鲁木齐南山、巴里坤山地林缘、河谷灌丛、石质坡地，海拔 1000～2100m。中亚、蒙古也有。

18）单花栒子 *C. uniflorus* Bge. 野生，分布在阿勒泰、塔城、巴里坤山地的林下或山坡灌丛，海拔 1500～2100m。中亚、蒙古也有分布。

19）多花栒子 *C. multiflorus* Bge. 野生，分布在阿勒泰、塔城的干旱坡地及山谷灌丛，海拔 1200～1800m。西伯利亚也有分布。

20）异花栒子 *C. allochrous* Pojark. 野生，分布在伊犁、乌鲁木齐南山、巴里坤的河谷灌丛及石质坡地，海拔 1100～2100m。中亚也有分布。

21）黑果栒子 *C. melanocarpus* Lodd. 野生，分布在阿勒泰、伊犁、塔城、乌鲁木齐南山、哈密、阿克苏的山谷灌丛及坡地，海拔 700～2500m。中亚、蒙古也有分布。

22）甜栒子 *C. suavis* Pojark. 野生，分布伊犁、塔城山坡的干旱坡地，海拔 1400m 左右。中亚也有分布。

23）大果栒子 *C. megalocarpus* M. Pop. 野生，分布在阿勒泰、伊犁、塔城的林缘及山坡灌丛。中亚、蒙古也有分布。

24）梨果栒子 *C. roborowskii* Pojark. 野生，分布在伊犁的特克斯、霍城、乌鲁木齐、奇台山区的河边灌丛，海拔 1000～1200m。中亚也有分布。

25）准噶尔栒子 *C. songorica*（Rgl. et Herd）M. Pop 野生，分布在阿克苏的山坡。海拔 1200～2300m 左右。中亚也有分布。

26）毛叶栒子 *C. submultiflorus* M. Pop. 野生，分布于伊犁地区，中亚也有分布。

（10）山楂属 *Crataegus* L.

27）准噶尔山楂 *C. songorica* C. Koch. 野生，分布于伊犁、塔城、阿勒泰等地海拔 1000～1500m 的河谷及干旱碎石坡地，可作观赏及砧木用。中亚山地、伊朗也有分布。

28）阿尔泰山楂（黄果山楂）*C. altaica* 分布于阿勒泰、伊犁、博乐、塔城、玛纳斯、乌鲁木齐等地林缘、山间谷地及山坡，海拔 450～1900m。中亚也有分布。

29）红果山楂 *C. sanguinea* Pall. 野生，分布于阿勒泰、伊犁、塔城的林缘及河岸。西伯利亚、蒙古也有分布。

30）裂叶山楂 *C. remotilobaea* H. Raik 与阿尔泰山楂是近缘种，野生于山坡、沟旁。

（11）草莓属 *Fragaria* L.

31）森林草莓 *F. vesca* L. 野生，分布于伊犁、博乐、塔城、阿勒泰的山地林缘及草坡。

32）绿草莓 *F. viridis* Duch. 野生，分布于伊犁、塔城、乌鲁木齐南山的山坡及河边草丛，低山带至中山带。中亚、西伯利亚、西欧也有分布。

（12）苹果属 *Malus* L.

33）新疆野苹果 *M. sieversii*（Ledeb.）M. Roem. 分布于伊犁、塔城等地山麓地带，分布于海拔 950～1950m，其中以伊犁的新源、巩留最为集中，类型较多，此外在塔城地区的托里县、额敏县也有分布。在中亚的哈萨克斯坦、吉尔吉斯斯坦、塔吉克斯坦等国的山地也有分布。

34）红肉苹果 *M. niedzwetzkyana* Dieck 据记载，在天山山区有分布，南北疆均有栽培。

（13）稠李属 *Padus* Mill.

35）欧洲稠李 *P. racemosa*（Lam.）Gilib. 野生种分布于阿勒泰、塔城、伊犁、乌鲁木齐南山、巴里坤林缘及溪旁，常见于低山带至中山带。中亚、西伯利亚、欧洲也有分布。

（14）李属 *Prunus* Mill.

36）欧洲李 *P. domestica* L. 野生，分布于巩留、新源山麓。栽培分布于伊犁、塔城、阿克苏、喀什、和田等市、县。

37）野生樱桃李 *P. cerasifera* Ehrhart 野生，分布于伊犁霍城县大西沟、小西沟，海拔1200～1300m。中亚也有分布。

（15）蔷薇属 *Rosa* L.

38）单叶蔷薇 *R. berberifolia* Pall. 生于干旱荒地及碎石地，分布乌鲁木齐、昌吉、玛纳斯、精河、博乐、伊宁以及南疆等地，中亚、西伯利亚也有。

39）波斯单叶蔷薇 *R. persica*（Michx. ex Juss.）Bornm. 分布于南北疆干旱荒漠、盐碱地及干燥的碎石山坡。

40）宽刺蔷薇 *R. platyacantha* Schrenk. 野生，分布于乌鲁木齐以东的天山北麓及塔城、博乐等地，生于山地林缘、沟谷灌丛、碎石坡地及山前河滩。中亚也有分布。

41）多刺蔷薇 *R. spinosissima* L. 野生，分布阿勒泰、塔城、博乐、奇台的山地草原及山谷灌丛。中亚及欧洲也有分布。

42）疏花蔷薇 *R. laxa* Retz. var. *laxa* 野生，分布于阿勒泰的布尔津、塔城、博乐、乌鲁木齐南山、伊犁、和硕、伊吾等地的山坡灌丛、溪旁及林缘，平原荒漠地区较普遍。中亚、西伯利亚、蒙古也有分布。

43）喀什蔷薇 *R. laxa* Retz. var. *kaschgarica*（Rupr.）Y. L. Han 野生，分布于喀什、阿克陶、皮山、和田的干旱荒漠及河边砂地，海拔 1200～2300m。

44）落萼蔷薇（落花蔷薇、弯刺蔷薇）*R. beggeriana* Schrenk 野生，分布于伊犁河谷、乌鲁木齐河谷、溪旁及林缘，海拔 1400～2800m。平原地区亦有栽培。中亚、伊朗也有分布。

45）伊犁蔷薇 *R. silverhjelmii* Schrenk 野生，分布于新源县卡甫齐海，生于谷地灌丛及河边砂地。中亚也有分布。

46）腺毛蔷薇 *R. fedtschenkoana* Rgl. 野生，分布于阿勒泰、伊犁、玛纳斯、乌鲁木齐南山、叶城，生于干旱坡地、河滩灌丛及林缘。中亚也有分布。

47）樟味蔷薇 *R. cinnamomea* L. 野生，分布于阿勒泰、塔城北山、巴尔鲁克山的山坡林缘、草甸及溪旁灌丛，海拔 1200～1800m。西伯利亚及欧洲也有分布。

48）大果蔷薇 *R. webbiana* Wall. ex Royle 野生，分布于阿克陶、叶城、策勒的中山带干旱坡地及林缘、灌丛，海拔 2800m 左右。中亚、印度北部、克什米尔地区、阿富汗也有分布。

49）腺齿蔷薇 *R. albertii* Rgl. 野生，分布于阿勒泰、塔城、博乐、伊犁、乌鲁木齐、奇台、阜康、巴里坤、阿克苏等地的中山带林缘、林中空地及沟谷灌丛，海拔1400～2300m。西伯利亚和中亚也有分布。

50）刺蔷薇 *R. acicularis* Lindl. 野生，分布于阿勒泰、伊犁、木垒、巴里坤、乌鲁木齐南山的山地草原、林缘及谷地灌丛，海拔 800～2200m。西伯利亚、日本、蒙古、北美也有分布。

51）尖刺蔷薇 *R. oxyacantha* M. Bieb. 野生，分布于阿勒泰地区的和布克赛尔山地林缘及灌丛。西伯利亚、蒙古也有分布。

52）矮蔷薇 *R. nanothamnus* Bouleng. 野生，分布于碎石山坡地，海拔 1500～2900m。分布乌鲁木齐、尼勒克、巴仑台、叶城等地。中亚、阿富汗也有分布。

53）腺叶蔷薇 *R. kokanica* （Rgl.）Rgl. ex Juz. 也称南疆蔷薇，分布在南疆等地。

（16）花楸属 *Sorbus* L.

54）天山花楸 *S. tianschanica* Rupr. 野生，分布在伊犁、博乐、塔城、乌鲁木齐南山、巴里坤的山地、林缘或林中空地，海拔 1800～2800m。中亚也有分布。

55）天山毛花楸 *S. tianschanica* var. *tomentulosa* Ch. Y. Yang et Y. L. Han 分布于塔城、博乐、昭苏、特克斯、巴里坤等地。

56）西伯利亚花楸 *S. aucuparia* L. 野生，分布阿勒泰布尔津河上游云杉和冷杉混交林下。西伯利亚、蒙古也有分布。

（17）悬钩子属 *Rubus* L.

57）石生悬钩子 *R. saxatilis* L. 野生，分布于阿尔泰、塔城巴尔鲁克山、伊犁、阜康、昌吉等地的森林下部及山坡灌丛，海拔 1200～2200m。我国北方各省区、蒙古、西伯利亚、日本、西欧和北美均有分布。

58）树莓 *R. idaeus* L. 野生于天山、塔尔巴哈台山，伊犁、塔城、乌鲁木齐有少量栽培。亚洲温带地区、欧洲及北美均有分布。

59）库页岛悬钩子 *R. sachalinensis* Levl. 野生，分布于阿勒泰、青河、福海、奇台、塔城、伊犁、博乐、乌鲁木齐的山地林缘或河边灌丛，海拔 1500m 左右。西伯利亚、日本均有分布。

60）黑果悬钩子 *R. caesius* L. 野生，分布于伊犁、塔城野果林及其他林缘或河边灌丛，海拔 1400～1700m。

4.1.5　鼠李科 Rhamnaceae

（18）鼠李属 *Rhamnus* L.

61）药鼠李 *Rhamnus cathartica* L. 野生，分布于伊犁、塔城地区山地灌丛，西伯利亚、中亚、欧洲也有。

62）帕米尔鼠李 *Rh. minuta* Grub. 野生，分布于帕米尔高原的塔什库尔干，生于高山石缝，海拔 3400m。中亚山地也有分布。

63）新疆鼠李 *Rh. songorica* Gontsch. 野生，分布于伊犁、玛纳斯山地灌丛，中亚也有分布。

4.1.6　胡颓子科 Elaeagnaceae

（19）胡颓子属 *Elaeagnus* L.

64）大沙枣 *E. mooraroftii* Wall et Schlecht. 分布于喀什、和田、阿克苏等地，栽培或半栽培，品种甚多。

65）尖果沙枣 *E. oxycarpa* Schlecht. 广泛分布于全疆各地，野生种分布于胡杨林及干河谷、河漫滩上。

（20）沙棘属 *Hippophae* L.

66）沙棘 *H. rhamnoides* L. 野生，分布于天山、昆仑山及塔里木河岸、伊犁河等地河漫滩上。有 2 个亚种。

a. 蒙古沙棘 subsp. *mongolica* Rousi

b. 中亚沙棘 subsp. *turkestanica* Rousi

4.1.7 杜鹃花科 Rhododendronaceae

（21）越橘属 *Vaccinium* L.

67）黑果越橘 *V. myrtillus* L. 野生，分布于阿勒泰针阔叶混交林中。

68）红果越橘 *V. vitis-idaea* L. 野生，分布于阿勒泰针阔叶混交林中或上升到冻原地带。

（22）天栌属 *Arctous* Niedenz.

69）北极果 *A. alpinuus*（L.）Niedenz. 分布于天山及阿勒泰山高山地带，小灌木，浆果可食。

70）红果天栌 *A. erythrocarpa* Small. 分布于天山及阿勒泰山高山地带，小灌木，浆果可食。

4.1.8 茄科 Solanaceae

（23）枸杞属 *Lycium* L.

71）毛蕊枸杞 *L. dasystemum* Pojark. 野生，分布于伊犁、喀什以西。

72）曲枝枸杞 *L. hexicaule* Pojark. 野生于伊犁。

73）波氏枸杞 *L. potaninii* Pojark. 野生，分布于南北疆各地的盐碱荒地、小丘及道路旁。

74）黑果枸杞 *L. ruthenicum* Murr. 野生于荒漠水沟及道路旁，广泛分布南北疆。

75）截果枸杞 *L. trunoatum* Wang. 分布于喀什、奇台、吉木萨尔、乌鲁木齐等地。

4.1.9 蒺藜科 Zygophyllaceae

（24）白刺属 *Nitraria* L.

76）帕米尔白刺 *N. pamirica* Vassil. 野生，分布于喀什噶尔等地，果实可加工利用。

77）刺叶白刺 *N. roborouskii* L. 野生，分布于喀什噶尔和蒙古西部，果实可加工利用。

78）大果白刺 *N. schoberi* L. 也称盐生白刺，野生，分布在帕米尔东部，渗入喀什噶尔东部和准噶尔。果实可加工利用。

79）西伯利亚白刺 *N. sibirica* Pall. 野生，分布在塔里木盆地和准噶尔盆地，抗盐力强，果实可加工利用。

4.1.10 小檗科 Berberidaceae

（25）小檗属 *Berberis* L.

80）伊犁小檗 *B. iliensis* M. Pop. 野生伊犁河谷。

81）喀什小檗 *B. kaschgarica* Rupr. 分布于阿克苏、库车、喀什、麦盖提、阿克陶、乌恰、塔什库尔干、和田、叶城、皮山、于田、策勒、且末等地山区。中亚山区也有分布。

82）红果小檗 *B. nummularia* Bge. 野生，分布于伊犁山区、伊宁、察布查尔、新源、巩留、特克斯、精河、塔里木盆地的和硕、和静、焉耆、阿克苏、阿合奇、乌恰、阿图什、阿克陶、英吉沙、皮山、和田等地。

83）长圆果小檗 *B. oblonga* Schneid 也称缘叶小檗，野生，分布于天山。

84）西伯利亚小檗 *B. sibirica* Pall. 野生，分布于阿勒泰、青河、富蕴、福海、布尔津、哈巴河、吉木乃、裕民、伊犁、塔城、托里山地。哈萨克斯坦、西伯利亚也有分布。

85）异果小檗 *B. heteropoda* 也称黑果小檗、塔城小檗，野生，分布于阿勒泰、伊犁、塔城山地、天山东部及昆仑山，哈萨克斯坦及蒙古也有分布。

4.1.11 忍冬科 Caprifoliaceae

（26）忍冬属 *Lonicera* L.

86）阿曼忍冬 *L. altmannii* Rgl. et Schmalh. 也称截萼忍冬，野生，分布于新疆伊犁天山山区、塔城裕民巴尔鲁克山，中亚也有分布。

87）阿尔泰忍冬（也称蓝果忍冬）*L. caerulea* L. var. *altaica* Pall. 野生，分布于新疆天山，中亚、西伯利亚及蒙古也有分布。

88）灰毛忍冬 *L. cinerea* Pojark. 野生，分布于新疆西部天山，中亚也有分布。

89）异叶忍冬 *L. hererophylla* Decne. 野生，分布于新疆天山，中亚也有分布。

90）刚毛忍冬 *L. hispida* Pall. ex Roem. et Schult. 野生，分布于玛纳斯、伊犁等地的山区。

91）矮小忍冬 *L. humilis* Kar. et Kir. 野生，分布于新疆天山，中亚也有分布。

92）伊犁忍冬 *L. iliensis* Pojark. 野生，分布于伊犁。

93）加里忍冬 *L. karelini* Bge. et P. Kir. 野生，分布于伊犁。

94）小花忍冬 *L. micrantha*（Trautv.）Rgl. 野生，分布于伊犁巩留、新源。

95）小叶忍冬 *L. microphylla* Willd. et Schult. 野生，分布于伊犁。

96）帕米尔忍冬 *L. pamirica* Pojark. 野生，分布于帕米尔高原。

97）藏西忍冬 *L. semenovii* Regel 野生，分布于新疆西部天山，中亚、克什米尔、伊朗、阿富汗也有分布。

98）叉枝忍冬 *L. simulatrix* Pojark. 野生。

99）细花忍冬 *L. stenantha* Pojark. 野生，分布于新疆塔城的塔尔巴哈台山。

100）新疆忍冬（也称鞑靼忍冬）*L. tatarica* L. 野生，分布于玛纳斯、伊犁等地的山区。

（27）荚蒾属 *Viburnum* L.

101）香荚蒾 *V. farreri* W. T. L. 野生，分布于新疆天山。

102）欧荚蒾 *V. opulus* L. 野生，分布于伊犁、塔城等山地。中亚、高加索、西伯利亚也有分布。

研究表明，新疆野生果树有 104 种（含 1 变种和 1 亚种），隶属 11 科 27 属，其中主要有新疆野苹果 *Malus sieversii*、野杏 *Armeniaca vulgaris*、野扁桃 *Amygdalus ledebouriana*、新疆野核桃 *Juglans regia*、野生欧洲李 *Prunus domestica*、栒子 *Cotoneaster* spp.、欧洲稠李 *Padus racemosa*、忍冬 *Lonicera* 13 种、蔷薇 *Rosa* 16 种、欧荚蒾 *Viburnum opulus*、准噶尔山楂 *Crataegus songorica*、红果山楂 *C. sanguinea*、阿尔泰山楂 *C. altaica*、野生樱桃李 *Prunus cerasifera*、天山樱桃 *Cerasus tianschanica*、茶藨子 *Ribes* spp.、绿草莓 *Fragaria viridis*、树莓 *Rubus idaeus*、黑果悬钩子 *Rubus caesius*、黑果小檗 *Berberis heteropoda* 等。

4.2 新疆野生果树植物区系特点

4.2.1 区系成分

新疆的野生果树植物隶属 11 科 27 属 104 种，其科属组成见表 4-1。

根据表 4-1，新疆野生果树植物中隶属蔷薇科的植物有 13 属 50 种，占新疆野生果树总属数的 48.1%，总种数的 48%；忍冬科 1 属 15 种，占总种数的 14.4%；虎耳草科 2 属 9 种，占总种数的 8.6%；小檗科 1 属 8 种，占总种数的 7.6%。蔷薇科、忍冬科、虎耳草科、小檗科共 4 科 17 属 80 种，占新疆野生果树总科数 36.3%，总属数的 62.9%，总种数的 76.9%，显示出 4 个科在新疆野生果树区系组成中的重要地位。

表 4-1 新疆野生果树植物种类组成

序号	科	属	种	种下分类群
1	松科 Pinaceae	1	1	
2	核桃科 Juglandaceae	1	1	
3	虎耳草科 Saxifragaceae	2	9	
4	蔷薇科 Rosaceae	13	49	1
5	鼠李科 Rhamnaceae	1	3	
6	胡颓子科 Elaeagnaceae	2	3	1
7	杜鹃花科 Rhododendronaceae	2	4	
8	茄科 Solanaceae	1	5	
9	蒺藜科 Zygophyllaceae	1	4	
10	小檗科 Berberidaceae	1	6	
11	忍冬科 Caprifoliaceae	1	15	
共计	11 科	27	102	2

已记录新疆种子植物 95 科 675 属 3600 种，新疆野生果树植物占新疆种子植物总科数的 11.5%，总属数的 4.0%，总种数的 2.9%。新疆虽然干旱、少雨，但生态条件复杂，加之新疆又是几个植物地理区的交汇处，所以，落叶阔叶野生果树物种的多样性还是十分丰富的。

4.2.2 属的地理成分

参照吴征镒先生关于中国种子植物属的地理成分的划分，对新疆野生果树 27 个属的地理成分分析结果如下（表 4-2）。

表 4-2 新疆野生果树 27 个属的地理成分统计

地理成分	属数	占总属数的比例（%）
1. 世界广布种	2	7.14
2. 北温带分布种	16	60.71
3. 环北极分布	1	3.57

（续）

地理成分	属 数	占总属数的比例（%）
4. 全温带分布	3	10.71
5. 东亚与北美间断分布	1	3.57
6. 旧世界温带分布	1	3.57
7. 地中海、西亚和东亚间断分布	1	3.57
8. 温带亚洲分布	1	3.57
9. 地中海区、西亚至中亚分布	1	3.57
总 计	27	100.00

从表 4-2 中可以看出，以属为单位来分析，新疆境内的野生果树，除了鼠李属和悬钩子属这两个属为世界性分布外，其余 25 个属均为温带性分布，占了总属数的 92.6%。其中的大部分为北温带分布及其变型环北极分布和全温带分布。尽管新疆处于中亚内陆，但以属为单位的地理成分分析发现，并没有典型的中亚分布属，仅白刺属呈现出地中海区、中亚至西亚分布式样。若以种为单位进行地理成分分析，将能够更客观、正确地揭示新疆野生果树的地理成分特点。由于目前关于新疆的野生果树在世界各地的地理分布资料仍然有限，目前还无法开展这一工作，这也是将来研究中应该重视的内容之一。

4.2.3 成分的古老性

新疆主要地表结构特征是由高山与盆地相间组成，自北向南分别为阿尔泰山、准噶尔盆地、天山、塔里木盆地、昆仑山，处于几个大的自然地理单元（如阿尔泰、天山、帕米尔高原、昆仑山、阿尔金山、青藏高原）的交接地带。由于山地屏障作用、盆地气候效应而形成差异较大的气候区，从而形成了不同的自然景观和动植物资源分布区。野生果树植物组成中，既保留有属第三纪孑遗物种的温带阔叶果树植物，也分布有荒漠区旱生或超旱生的果树植物。新疆现存的西伯利亚红松、新疆野苹果、野巴旦杏、新疆野核桃、荚蒾、白刺、蔷薇、沙枣、沙棘等均是起源古老的果树植物，与其相联系，说明新疆也是我国重要的果树起源地之一。

蔷薇科的新疆野苹果、野杏、野扁桃（野巴旦杏），胡桃科的新疆野核桃（野胡桃）是地中海植物区中亚山地的孑遗成分，在我国西部山地的伊犁地区和塔城地区有成片分布和零星分布。胡颓子科的沙枣是中亚荒漠河岸林的组成树种。

4.2.4 生活型谱特点

新疆野生果树植物的生活型谱见表 4-3。

表 4-3 新疆野生果树植物的生活型

类 别		组 成	种 数	占总种数比例（%）
木本植物	乔木果树	常绿针叶树	1	0.9
		落叶阔叶树	31	29.8

（续）

类　别		组　成	种　数	占总种数比例（%）
木本植物	灌木果树	灌木	28	26.9
		半灌木	40	38.5
草本植物	多 年 生 草 本		4	3.8
合　计			104	100

从表4-3看，该地区的野生果树既有乔木，也有灌木，还有少量的多年生草本果树植物，并且以半灌木、落叶乔木和灌木为主，而常绿乔木的比例极低。新疆野生果树的这种生活型谱，是由该地区高纬度和内陆性干旱气候决定的。

4.3　新疆野生果树植物的地理分布特点

新疆以天山为界，南北疆气候差异明显。由于常年受控于西风气流，加之地形复杂等条件决定了新疆的湿润条件具有山地优于平原，西部优于东部，北部优于南部之特点。新疆的这种气候特点决定着该地区野生果树的地理分布格局。104种野生果树（含1变种和1亚种）在新疆不同地区的分布情况见表4-4。

表4-4　野生果树在新疆的地理分布

种类及学名	北　疆			南　疆			
	阿尔泰山	天山北坡准噶尔西部山地	准噶尔盆地	昆仑山阿尔金山	帕米尔高原	天山南坡	塔里木盆地
西伯利亚红松 *Pinus sibirica*	+						
新疆野核桃 *Juglans regia*		+					
臭茶藨 *Ribes graveolens*	+						
黑果茶藨 *R. nigrum*	+	+				+	
石生茶藨 *R. saxatile*	+	+					
小叶茶藨 *R. heterotrichum*	+	+					
天山茶藨 *R. meyeri* var. *meyeri*		+	+	+			+
天山毛茶藨 *R. meyeri* var. *tianschnicum*		+					
高茶藨 *R. altissimum*	+						
红花茶藨 *R. atropurpureum*	+						
美丽茶藨 *R. pulchellem*		+					
刺醋栗 *Grossularia acicularis*	+	+					
新疆野苹果 *Malus sieversii*		+				+	
红肉苹果 *M. niedzwetzkyana*		+					
野扁桃 *Amygdalus ledebouriana*		+					
野杏 *Armeniaca vulgaris*		+				+	
欧洲李 *Prunus domestica*		+					
樱桃李 *P. cerasifera*		+					

（续）

种类及学名	北　疆			南　疆			
	阿尔泰山	天山北坡准噶尔西部山地	准噶尔盆地	昆仑山阿尔金山	帕米尔高原	天山南坡	塔里木盆地
欧洲稠李 Padus racemosa	+	+					
灌木樱桃 Cerasus fruticosa		+					
天山樱桃 C. tianschanica		+					
准噶尔山楂 Crataegus songorica	+	+					
阿尔泰山楂 C. altaica	+	+					
红果山楂 C. sanguinea	+	+					
裂叶山楂 C. remotilobaea	+						
天山花楸 Sorbus tianschanica		+					
天山毛花楸 S. tianschanica var. tomentulosa		+					
西伯利亚花楸 S. aucuparia	+						
卵叶唐棣 Amelanchier ovalis		+					
森林草莓 Fragaria vesca	+	+					
绿草莓 F. viridis	+	+					
石生悬钩子 Rubus saxatilis	+	+					
树莓 R. idaeus		+					
库页岛悬钩子 R. sachalinensis		+					
黑果悬钩子 R. caesius		+					
少花栒子 Cotoneaster oliganthus		+					
单花栒子 C. uniflorus	+	+					
多花栒子 C. multiflorus	+	+					
异花栒子 C. allochrous		+					
黑果栒子 C. melanocarpus	+	+					
甜栒子 C. suavis		+					
大果栒子 C. megalocarpus	+	+					
梨果栒子 C. roborowskii		+					
准噶尔栒子 C. songorica						+	
毛叶栒子 C. submultiflorus		+					
单叶蔷薇 Rosa berberifolia		+	+				
波斯单叶蔷薇 R. persica			+				+
宽刺蔷薇 R. platyacantha		+	+				
多刺蔷薇 R. spinosissima	+	+					
疏花蔷薇 R. laxa var. laxa	+	+				+	
喀什蔷薇 R. laxa var. kaschgarica							+
落萼蔷薇 R. beggeriana		+					

（续）

种类及学名	北　疆			南　疆			
	阿尔泰山	天山北坡准噶尔西部山地	准噶尔盆地	昆仑山阿尔金山	帕米尔高原	天山南坡	塔里木盆地
伊犁蔷薇 *R. silverhjelmii*		+					
腺毛蔷薇 *R. fedtschenkoana*	+	+		+			
樟味蔷薇 *R. cinnamomea*	+	+					
大果蔷薇 *R. webbiana*				+			
腺齿蔷薇 *R. albertii*	+	+				+	
刺蔷薇 *R. acicularis*	+	+					
尖刺蔷薇 *R. oxyacantha*	+						
矮蔷薇 *R. nanothamnus*		+		+		+	
腺叶蔷薇 *R. kokanica*							+
药鼠李 *Rhamnus cathartica*		+					
帕米尔鼠李 *Rh. minuta*					+		
新疆鼠李 *Rh. songorica*		+					
尖果沙枣 *Elaeagnus oxycarpa*	+	+	+				+
大沙枣 *E. mooraroftii*				+		+	+
沙棘 *Hippophae rhamnoides*		+	+	+		+	+
红果越橘 *Vaccinium vitis – idaea*	+						
黑果越橘 *V. myrtillus*	+						
北极果 *Arctous alpinuus*	+	+					
红果天栌 *A. erythocarpa*	+	+					
波氏枸杞 *Lycium potaninii*			+				+
毛蕊枸杞 *L. dasystemum*		+			+		
黑果枸杞 *L. ruthenicum*		+	+			+	+
曲枝枸杞 *L. hexicaule*		+					
截果枸杞 *L. trunoatum*		+					+
大果白刺 *Nitraria schoberi*			+		+		+
西伯利亚白刺 *N. sibirica*			+				+
帕米尔白刺 *N. pamirica*					+		+
刺叶白刺 *N. roborouskii*							+
西伯利亚小檗 *Berberis sibirica*	+	+					
异果小檗 *B. heteropoda*	+	+					
长圆果小檗 *B. oblonga*		+				+	
伊犁小檗 *B. iliensis*		+					
喀什小檗 *B. kaschgarica*				+	+	+	+
红果小檗 *B. nummularia*				+		+	

（续）

种类及学名	北疆			南疆			
	阿尔泰山	天山北坡准噶尔西部山地	准噶尔盆地	昆仑山阿尔金山	帕米尔高原	天山南坡	塔里木盆地
阿曼忍冬 *Lonicera altmannii*		+					+
阿尔泰忍冬 *L. caerulea var. altaica*		+					
灰毛忍冬 *L. cinerea*		+					
异叶忍冬 *L. hererophylla*		+					
刚毛忍冬 *L. hispida*		+					
矮小忍冬 *L. humilis*		+					
伊犁忍冬 *L. iliensis*		+					
加里忍冬 *L. karelini*		+					
小花忍冬 *L. micrantha*		+					
小叶忍冬 *L. microphylla*		+					
帕米尔忍冬 *L. pamirica*		+			+		
藏西忍冬 *L. semenovii*		+					
叉枝忍冬 *L. simulatrix*		+					
细花忍冬 *L. stenantha*		+					
新疆忍冬 *L. tatarica*		+					
欧荚蒾 *Viburnum opulus*		+					
香荚蒾 *V. farreri*		+					
合计	35	80	10	8	7	12	16

由表4-4得知，野生果树在新疆的分布数量，以南北疆而论，北疆多于南疆，前者有91种，占新疆野生果树总种数的87.5%，后者仅有27种，占新疆野生果树总种数的25.9%。无疑，这是北疆的降水条件明显优于南疆而形成的较大差异。从统计来看，分布在塔里木盆地的野生果树种类稍多于准噶尔盆地，这是因为塔里木盆地有全国最大的内陆河——塔里木河以及几条支流，并且具有很强的内陆封闭性，导致地下水位普遍较高、荒漠河岸植被较发达。就东西方向分布特点而论，无论是北疆还是南疆，野生果树多样性均表现为西部比较丰富，而东部比较贫乏，其原因主要是西部降水明显多于东部的结果。

在新疆的三大山系中，天山山区的野生果树种类最为丰富，高达80种，占新疆野生果树总种数的76.9%，而昆仑山—阿尔金山和帕米尔高原最少，野生果树分别只有8种和7种。显而易见，降水丰富的山地野生果树物种多样性就高；反之，多样性就低。

在新疆，山地与平原野生果树物种多样性的差异十分明显，如塔里木和准噶尔两大盆地仅有18种，而仅天山山区，野生果树就多达80种。这是由于高海拔的山地是干旱区中的"湿岛"，有利于多数中生性的野生果树生长和分布。

第 5 章

新疆野生果树生态系统多样性

　　野生果树资源的保护与开发利用离不开对其所处的生态系统的研究。新疆复杂多样而又特殊的气候地理条件形成了多样的野生果树林生态系统。新疆野生果树植物的分布遍及全疆各地，其中的落叶阔叶野果树林的分布却局限于新疆 3 个地区的 10 余个县、市，分别是伊犁地区的霍城县、伊宁市、伊宁县、察布查尔县、巩留县、特克斯县、昭苏县、新源县等地，塔城地区的托里县、额敏县及裕民县以及阿克苏地区的乌什县、阿合奇县等地，呈不连续分布。在巩留县莫合尔、新源县交托海等地分布集中且呈带状，其他地区则

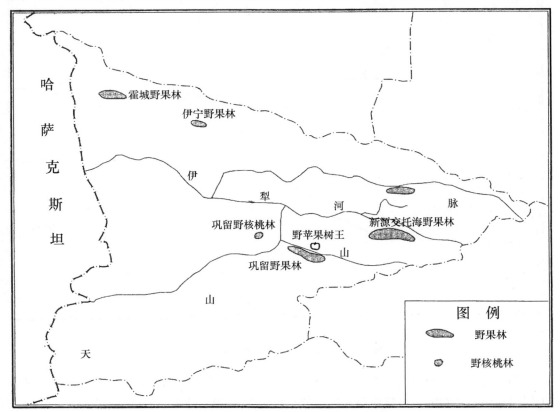

图 5-1　新疆伊犁地区野果林分布示意图

多为小面积或零星分布。落叶阔叶野生果树林在新疆分布区的北界为准噶尔西部山地的塔城地区额敏县（东经83°08′，北纬46°30′），南界为天山南支脉山区的阿克苏地区阿合奇县（东经78°32′，北纬41°15′），西界是天山北支脉的霍城县山区（东经80°50′，北纬44°32′）；东界是天山中支脉山区的新源县（东经84°01′，北纬43°16′）。

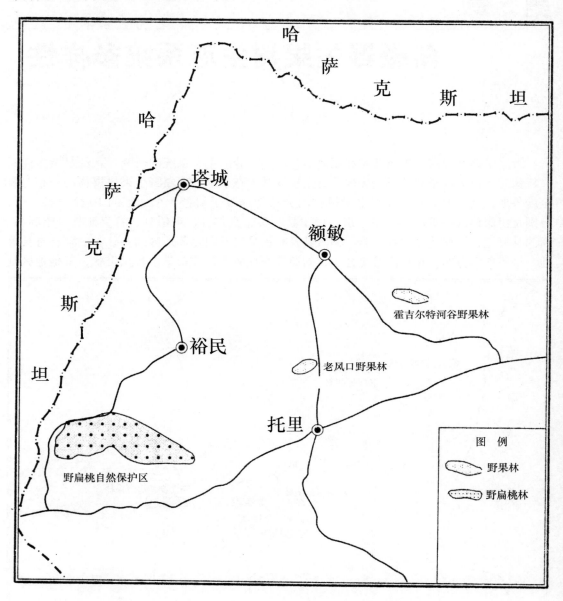

图5-2　新疆塔城地区野果林分布示意图

　　新疆野生果树及其所形成的野果林在各地山区的垂直分布，下限一般为海拔900m，上限可达海拔2500m，但集中分布的海拔高度则为1100～1500m（表5-1）。

表 5 - 1　新疆伊犁、塔城地区野果林主要分布区域及特点

编号	地点	建群种	分布面积 （hm²）	坐　标	海　拔 （m）
1	额敏野果林	新疆野苹果	280	N 46°21′04″ E 83°58′37″	1040 ~ 1450
2	托里野果林	新疆野苹果	650	N 46°08′31″ E 83°32′40″	900 ~ 1500
3	裕民野扁桃林	野扁桃	1300	N 46°10′ E 83°15′	900 ~ 1300
4	霍城大西沟野果林	新疆野苹果 樱桃李	850	N 44°25′39″ E 80°47′18″	1180 ~ 1700
5	伊宁野果林	新疆野苹果 野杏	500	N 43°55′ E 81°18′	1000 ~ 1650
6	巩留野核桃林	新疆野核桃	800	N 43°20′47″ E 82°16′09″	1250 ~ 1600
7	巩留莫合尔野果林	新疆野苹果	2100	N 43°15′07″ E 82°50′23″	1100 ~ 1630
8	新源交托海野果林	新疆野苹果	700	N 43°23′15″ E 83°34′57″	1240 ~ 1650

5.1　主要野生果树林类型

新疆野生果树生态系统可分为寒性落叶针叶林、典型落叶阔叶林、落叶阔叶灌丛、荒漠落叶灌丛和荒漠落叶小灌丛、半灌丛 5 种主要类型，这在《中国植被分类系统》中均属于植被亚型这一等级。

5.1.1　寒性落叶针叶林

这一类型主要指西伯利亚红松林，西伯利亚红松属于阴暗针叶林树种，为西伯利亚—阿尔泰所特有。据研究，年降水量 700 ~ 1000mm，生长期平均气温 12.5 ~ 16℃，是西伯利亚红松生长的最适水热条件。在我国该种仅分布于阿尔泰山西北部的喀纳斯河与库姆河的上游一带，并是它沿着山地向南延伸的最远点。

以西伯利亚红松为优势种所形成的森林生态系统，是寒温带针叶林的主要组成部分，也是新疆唯一的常绿针叶野生果树生态系统。在新疆分布面积有限，主要分布于阿尔泰山西北部的中山带中上部，海拔 1700m 以上，年降水量 600 ~ 700mm 的山地环境。组成该生态系统的植物计有 233 种，隶属于 47 科 149 属。其中以中生植物最发达，占总种数的 59.2%，高寒种类也占较大比重，达 22.3%。由于生境和植物区系组成的变化，新疆的西伯利亚红松林可进一步细分为藓类—红果越橘—新疆落叶松—西伯利亚红松林和高山草类—圆叶桦—西伯利亚红松林两种类型。

西伯利亚红松针叶林在我国分布面积小，难以作为资源进行直接开发和利用，应作为

一种珍贵树种和生态系统加以保护。

5.1.2 典型落叶阔叶林

包括新疆野苹果、野杏、野核桃、野生樱桃李等落叶阔叶果树构成的果树林，它们生长于降水量丰富而气候温暖的山区，分布在新疆西部天山的伊犁地区和塔城的巴尔鲁克山中低山带上部的迎风坡和山谷，是新疆地区著名的野果林。

根据上述诸物种在植被组成中的优势地位和所形成的植被景观，可细分为如下4类。

（1）新疆野苹果林　在《中国植被》中，这一林型处于群系组等级。新疆野苹果林主要分布于伊犁谷地南北两侧的天山以及塔城地区的巴尔鲁克山、乌尔可夏山的中低山带上部，海拔950～1500m，常构成山地森林垂直带的一个亚带。按植物群落的生态结构和优势种组成可分为：

　　a. 高大禾草—新疆野苹果林；

　　b. 杂类草—新疆野苹果林；

　　c. 河谷草类—灌木—野杏—新疆野苹果林；

　　d. 禾草—灌木—野杏—新疆野苹果林。

（2）新疆野杏林　新疆野杏分布高度为800～1400m，常与新疆野苹果组成混交林，但在山地的阳坡能形成一定面积的纯野杏林。该林型也可进一步分为草原禾草—灌木—野杏林和草原杂类草—灌木—新疆野苹果—野杏林。

（3）新疆野核桃林　野核桃林的垂直分布高度在海拔1300～1500m的范围之中，常见的次级类型有一年生草类—野杏—野核桃林和野苹果—野核桃林。

此外，在霍城的大、小西沟，野生樱桃李和山楂等野生果树常形成一定规模的群落，但它们在群落中的优势并不明显，常与新疆野苹果、野杏等伴生在一起，形成若干小面积斑块状野果林。

5.1.3 落叶阔叶灌丛

山地落叶阔叶灌丛在新疆的主要山地均有分布，可进一步分成以下两种类型。

（1）野扁桃落叶灌丛　野扁桃是一种残遗的稀有古老植物，由其所形成的落叶灌丛，主要分布于塔城地区的巴尔鲁克山和塔尔巴哈台山，海拔800～1300m的范围内。其中以前者最集中，面积近1300hm²，目前已建立面积为800hm²的自然保护区。

（2）野蔷薇落叶灌丛　野蔷薇系一类落叶灌木，它抗旱、耐寒、根系发达，是新疆山地及河谷中优良的水土保持植物和经济价值很高的植被资源。

新疆境内的蔷薇共有10余种，其中宽刺蔷薇、多刺蔷薇、刺蔷薇、大果蔷薇、疏花蔷薇等5种常成片形成灌丛。其余种类则多以伴生种的形式出现在其他灌丛中。

5.1.4 荒漠落叶阔叶灌丛

新疆的荒漠落叶果树灌丛主要有沙棘组成，该种在南北疆普遍分布，一般生长在低山带的河漫滩和低阶地、山前冲积扇的河谷两岸。沙棘灌丛根据所分布的地貌和生境类型，可划分为山地河谷沙棘灌丛、平原荒漠河漫滩沙棘灌丛和绿洲河岸阶地沙棘灌丛等类型。

5.1.5　荒漠落叶小灌丛、半灌丛

白刺和枸杞等种类在荒漠地区常形成小面积的灌丛。

综上所述，与野生果树物种多样性相比，新疆野生果树林比较单调。但是，新疆的野苹果林、野核桃林、野扁桃灌丛、蔷薇灌丛、沙棘灌丛等，无论在科学研究，还是在生态环境保护、荒漠植被恢复、果树种质资源利用等方面都具有不可替代的重要地位。

5.2　主要落叶阔叶野生果树林的群落结构特点

5.2.1　新疆野苹果种群的年龄结构调查

针对伊犁地区新源交托海野果林建群种新疆野苹果的野外调查结果见表 5 – 2。

表 5 – 2　新源交托海野果林新疆野苹果树分级统计表

等级	I	II	III	IV	V	VI	VII	总计
数量	1	12	57	56	16	10	1	153
百分比（%）	0.7	7.8	37.2	36.6	10.5	6.5	0.7	100

*　分级标准见研究方法

表 5 – 2 表明，目前新源野果林中以 III 和 IV 级为多，树龄一般在 20 ~ 40 年左右，占调查总数的 73.8%，这说明该野果林以次生的青壮年树木为主，幼苗和幼树极少；老年树体也为数稀少。这是由于在 20 世纪 60 年代初，新源交托海野果林受到严重的人为干扰和影响所致。

5.2.2　新疆野核桃种群的年龄结构调查

新疆野核桃，也称野胡桃，分布在新疆西部天山伊犁谷地前山地带的山谷中，在伊犁山区它与新疆野苹果、野杏等组成落叶阔叶野果林群落，形成较小面积的野核桃林。在哈萨克斯坦山地也有较大面积的野核桃群落。

1983 年，在巩留县建立了野核桃自然保护区，保护面积 1180hm²。保护区内野核桃分布面积 300hm²，共有野核桃 3800 余株，并且在野核桃沟西侧相邻的果子沟中，还分布有20 余株野核桃。调查发现，尽管建立了野核桃自然保护区，但保护区未有效地加以封闭保护，当地牧民仍在其中放牧、刈草。

1996 ~ 1997 年，笔者在巩留县野核桃沟自然保护区进行野核桃种群结构、野核桃林种类组成、野核桃林林下植物样方调查，采用 GPS 测定和记录巩留县野核桃沟自然保护区经纬度和海拔高度。

霍城县大西沟野核桃分布的调查表明，野核桃在该地区呈零星分布，面积一般在1200m² 左右，而在小西沟也呈零星分布状，面积仅存 800m²。

新疆野核桃种群结构调查是在巩留县野核桃沟自然保护区内进行，共调查取样野核桃树 97 株，从年龄结构来看，成年树占 52%，是一个较稳定、发展的群体结构。调查发现，保护区内野核桃幼苗和幼树数目偏大，这可能是该保护区的人为干涉所致。

5.3 伊犁山区野果林生态调查

5.3.1 野果林树种组成及密度

1997 年 4~6 月，在伊犁新源交托海野果林设立样地，样地大小为 100hm²，每隔 25~30m 随机设立样方，共计调查 50 个样方，调查野果林的树种组成和密度，结果见表 5-3。

表 5-3 新源交托海野果林树种组成及密度（1997）

树木种类	象限中的数量	100m² 的树木数	数量（株/hm²）
新疆野苹果	148/200 = 0.74	0.74×9.09 = 6.72	6.72×100 = 672
小檗	19/200 = 0.095	0.095×9.09 = 0.86	0.86×100 = 86
忍冬	13/200 = 0.065	0.065×9.09 = 0.59	0.59×100 = 59
野杏	10/200 = 0.05	0.05×9.09 = 0.45	0.45×100 = 45
蔷薇	3/200 = 0.015	0.015×9.09 = 0.14	0.14×100 = 14
白榆	3/200 = 0.015	0.015×9.09 = 0.14	0.14×100 = 14
欧洲稠李	2/200 = 0.01	0.01×9.09 = 0.09	0.09×100 = 9
绣线菊	2/200 = 0.01	0.01×9.09 = 0.09	0.09×100 = 9
合计			908

由表 5-3 得知，新源交托海野果林树种主要由新疆野苹果、小檗、忍冬、野杏、蔷薇、白榆 *Ulmus pumila*、欧洲稠李、绣线菊 *Spiraea* sp. 等 8 种乔、灌木树种组成，各树种树木合计总密度为 909 株/hm²，其中新疆野苹果数量最大，密度最高，占调查总数的 73.9%。

各树种树木的分布密度是，新疆野苹果 672 株/hm²、小檗 86 株/hm²、忍冬 59 株/hm²、野杏 45 株/hm²、蔷薇 14 株/hm²、白榆 14 株/hm²、欧洲稠李 9 株/hm²、绣线菊 9 株/hm²。

伊犁地区的野苹果林由于各区域的生境、生态条件不尽相同，其树种组成和密度存在较大的差异，表 5-3 的结果反映了新源交托海野果林树种组成、密度以及野苹果种群年龄结构，对于新疆其他地区野苹果林的种群结构还需做进一步的调查工作。

5.3.2 林下植物频度调查与分析

本研究自 1996~1998 年，分别在伊犁地区天山野果林分布区的新源县野果林、巩留县野核桃林进行了林下植物群落样方对比调查，记录林下植物种类、生物量，调查封闭保护区域与非封闭保护林下植物群落的生物量变化。

在两个类型和地点的野果林下，随机设立样方 23 个，其中新源野果林下 14 个，巩留野核桃林下 9 个。每个样方面积 1m×1m，记录样方内植物种类、统计种出现的频度，同时记录生境特点。调查结果见表 5-4。

表 5 - 4　新源野果林与巩留野核桃林林下植物频度统计（%）

林下种类	新源野果林	巩留野核桃野果林
苦苣菜 Songchus oleracens	35.71	0
唐松草 Thalictrum sp.	14.29	21.43
牛至 Origanum vulgare	50	28.57
新疆鼠尾草 Salvia deserta	21.43	0
播娘蒿 Descurainia sophia	14.29	0
大麻 Cannabis sativa	50	0
茜草 Rubia sp.	28.57	7.14
小果大戟 Euphorbia microcarpa	21.43	7.14
准噶尔大戟 Euphorbia buchtormensis	7.14	0
伊犁郁金香 Tulipa iliensis	28.57	0
穿叶金丝桃 Hypericum perforatum	21.43	14.29
龙蒿 Artemisia dracunculus	7.14	0
千叶蓍 Achillea millefolium	50	14.29
卷耳 Cerastium sp.	35.71	0
大蓟 Cirsium sp.	14.29	0
黄花苜蓿 Medicago falcate	14.29	0
天蓝苜蓿 Medicago luputina	7.14	0
艾蒿 Artemisia sp.	50	35.71
鹤虱 Lappul echinta	35.71	21.43
野胡萝卜 Daucu carota	7.14	0
黄芪 Astragalus sp.	0	7.14
二裂委陵菜 Potentilla bifurca	14.29	28.57
红花车轴草 Trifolium pratense	7.14	0
白花车轴草 Trifolium repens	28.57	0
缬草 Valeriana officinalis	0	7.14
糙苏 Phlomis sp.	50	21.43
三洲荨麻 Urtica dioica	42.86	0
毛牛蒡 Arctium tomentosum	21.43	0
蝇子草 Silene sp.	0	7.14
羊角芹 Aegopodium podagraria	28.57	28.57
绿草莓 Fragaria viridis	28.57	0
青兰 Dracocephalum sp.	7.14	7.14
天山大黄 Rheum wittrockii	14.29	0
拉拉藤 Galium sagaricum	7.14	28.57
猪殃殃 Galiu aparine	7.14	0
顶冰花 Gagea sp.	28.57	0

（续）

林下种类	新源野果林	巩留野核桃野果林
天仙子 *Hyoscyamus niger*	0	7.14
堇菜 *Viola* sp.	21.43	14.29
灰藜 *Chenopodium album*	21.43	0
苦豆子 *Sophora alopecuroides*	14.29	0
鸢尾 *Iris* sp.	7.14	7.14
蒲公英 *Taraxacum* sp.	28.57	28.57
老鹳草 *Geranium* sp.	42.86	14.29
亚洲龙牙草 *Agrimonia asinatica*	14.29	0
新疆元胡 *Corydalis glaucescens*	7.14	0
大果琉璃草 *Cynoglossum divaricatum*	7.14	0
益母草 *Leonurus turkestanicus*	14.29	0
水杨梅 *Geum aleppicum*	28.57	7.14
萹蓄 *Polygonum aviculare*	7.14	0
田旋花 *Convolvulus arvensis*	7.14	0
车前 *Plantago asiatica*	14.29	0
新疆党参 *Coclonopsis clematidea*	0	28.57
新疆白藓 *Dictamus angustifolius*	0	7.14
阿尔泰独尾草 *Eremurus altaicus*	0	21.43
穿叶柴胡 *Bupleurum anreum*	0	7.14
天山卫矛 *Euonymus semenovil*	0	35.71
乌头 *Aconitum* sp.	0	28.57
景天 *Sedum* sp.	0	7.14
水金凤 *Impatiens parviflora*	35.71	28.57
弹裂碎米荠 *Cardamine impatiens*	0	14.29

从表 5-4 中可以看出，两种野果林下均存在着众多的杂草，这表明两种野果林均受到不同强度的人为干扰。比较起来，新源野果林林下草本植物种类组成与巩留野核桃林林下的草本植物种类差异明显。在新源野果林，林下草本植物中杂草的种数明显多于后者，例如苦苣菜、播娘蒿、卷耳、大蓟、黄花苜蓿、天蓝苜蓿、红花车轴草、白花车轴草、灰藜、车前、猪殃殃等典型的杂草仅分布于新源野果林，而一些非典型的杂草种类例如新疆党参、穿叶柴胡、独尾草、新疆白藓、景天等仅见于巩留野果林下。造成林下草本植物种类组成，特别是杂草种类组成差异的主要原因是不同强度的人为干扰。在新源野果林，自20 世纪 50 年代末到今，农牧业活动一直没有间断，调查点与居民点非常近，因此，该样点受到高强度的人为干扰，人为干扰活动使野果林的原生性受到影响，这是导致林下杂草种类增加的重要原因。而巩留野果林保护得较好，林下杂草种类也较少。

杂草是一类具有特定生态适应特点的植物种类，比较科学的定义应该为：假如在某一地区，其种群主要分布于受人为干扰的环境中（目的植物除外），这一类植物就是杂草。

杂草的存在与环境的人为干扰密切相关。一般来讲，环境的人为干扰作用越强，杂草生态优势度越高。因此，人们能够根据研究区域或样点中杂草的种类（或盖度、生物量、频度等其他生态重要值）来分析、判定环境受人为干扰的强度。在此，可以提出"杂草指数"的新概念，即在研究区域或样点中，用杂草的生态重要值与所有非目的植物生态重要值的比例作指标，来判断环境受人为干扰强度。

在新源野果林林下，分别在封闭保护与非封闭保护林下随机设立样方，调查不同措施林下植物种类及生物量的变化。结果发现，经封闭保护的生境中，草本植物的生物量明显地高于非封闭保护的生境，前者是后者的 3.35 倍。林下草本植物生物量的增加利于土壤保墒，防止了水分过度蒸发，一定时期后能够改良土壤结构，增加土壤肥力。

5.4　伊犁野果林植物区系特点

新疆天山野果林植物区系研究起步较晚，迄今还未见有正式发表的该区域的植物名录。对伊犁地区新源交托海野果林、巩留莫合尔野果林、巩留野核桃沟、特克斯河北岸、霍城大西沟和小西沟、塔城托里野果林、额敏野果林等地进行了植物区系调查，共采集种子植物标本近千份，并对标本进行了初步鉴定。调查与标本鉴定发现，分布在伊犁地区天山野果林的维管束植物有 63 科 223 属 406 种。其中，蕨类植物 4 科 5 属 6 种；裸子植物 3 科 3 属 5 种；被子植物 56 科 215 属 395 种。主要科属组成如表 5 - 5。

表 5 - 5　新疆伊犁野果林分布区的种子植物主要科属统计

编号	科	属	占总属数比例（%）	种	占总种数比例（%）
1	石竹科 Caryophyllaceae	5	2.2	12	2.9
2	毛茛科 Ranunculaceae	9	4.0	25	6.1
3	十字花科 Crusiferae	16	7.1	25	6.1
4	蔷薇科 Rosaceae	16	7.1	38	9.3
5	豆科 Leguminosae	14	6.2	36	8.8
6	紫草科 Boraginaceae	9	4.0	13	3.2
7	唇形科 Labiatae	12	5.4	18	4.4
8	玄参科 Scophulariaceae	6	2.6	11	2.7
9	菊科 Compositae	23	10.3	41	10.1
10	禾本科 Gramineae	16	7.1	29	7.1
11	百合科 Liliaceae	7	3.1	20	4.9
	合计	133	59.1	268	65.6

表 5 - 5 表明，新疆伊犁野果林分布区的种子植物中，含 5 属 10 种以上的科有 11 个，其中最大的是菊科，含 23 属 41 种，占野果林植物总属数的 10.3%，总种数的 10.1%；其次是蔷薇科，含 16 属 38 种，占野果林植物总种数的 9.3%；第三是豆科，含 14 属 36 种，占野果林植物总种数的 8.8%。表 5 - 5 中的 11 科共有 133 属 268 种，占野果林植物总属数的 59.6%，总种数的 65.6%。林下植物的区系组成也明显地反映出新疆野果林的温带性质。

5.5　新疆野生果树主要病害及野果林区昆虫初步调查

根据资料、野外调查和鉴定表明，新疆野生果树主要病害 30 种，为害严重的病虫害有 8 种。

5.5.1　新疆主要野生果树病害

新疆野苹果、野杏、新疆野核桃、野生山楂、樱桃李、欧洲李、天山樱桃、稠李、蔷薇、忍冬、小檗等 10 余种主要野生果树常发生以下 30 种病害。

1）新疆野苹果黑星病 *Venturia inaequalis*（Looke）Wint

为害部位：叶片、果实。分布：新源野果林、霍城大西沟、巩留核桃沟、托里、额敏野果林。

2）新疆野苹果白粉病 *Podosphaera leucotricha*（Eii. et Ev）Salmon.

为害部位：叶片。分布：新源野果林、霍城大西沟、托里、额敏野果林。

3）新疆野苹果褐斑病 *Marssonina maii*（Phenn）Ito.

为害部位：叶片。分布：新源野果林、霍城大西沟。

4）野杏细菌性穿孔病 *Xanthomonas pruni*（Smith）Dowson.

主要为害叶片。分布：新源野果林、霍城大西沟、巩留核桃沟。

5）野核桃枝枯病 *Melanconium juglanium* Kunze.

为害部位：枝干。分布：巩留核桃沟。

6）野核桃细菌性黑斑病 *Xanthomonas juglandis*（Pierce）Dowson.

为害部位：叶片。分布：巩留核桃沟、霍城大西沟。

7）山楂锈病 *Gymnosporangium confusum* Plow.

为害部位：叶片。分布：新源野果林、霍城大西沟、托里、额敏野果林。

8）山楂斑枯病 *Septoria crataegi* Kickx.

为害部位：叶片。分布：新源野果林、霍城大西沟、巩留核桃沟、托里、额敏野果林。

9）山楂叶点病 *Phyllosticata crataegicoiasacc*

为害部位：叶片。分布：新源野果林、霍城大西沟。

10）野生樱桃李细菌性穿孔病 *Xanthomonas pruni*（Smith）Dowson.

为害部位：叶片、果实。分布：霍城大西沟。

11）野生樱桃李白粉病 *Podosphaera tridactyla*（Waller）de Bary.

为害部位：叶片。分布：霍城大西沟。

12）李袋果病 *Taphrina pruni*（Fuck）Tul.

为害部位：果实。分布：霍城大西沟。

13）稠李白粉病 *Podosphaera tridactyla*（Waller）de Bary.

为害部位：新叶、新梢、花芽、果实。分布：新源野果林、巩留。

14）稠李斑枯病（斑霉病）*Cylindrosporiumsp padi* Karst.

为害部位：叶片。分布：霍城大西沟。

15）稠李红点病菌 *Polysigma rubrum*（Pors）Dc.

为害部位：叶片。分布：霍城大西沟。

16）李袋果病 *Taphrina pruni*（Fuck）Tul.

为害部位：果实。分布：新源。

17）小檗白粉病 *Mcrosphera berbrids*（Dc）Lev.

为害部位：叶片。分布：霍城大西沟。

18）小檗斑枯病菌 *Septoria berberidis* Niessl.

为害部位：叶片。分布：霍城大西沟、新源野果林。

19）蔷薇锈病 *Phragmibium rosde-multiglorae* Diet.

为害部位：叶片。分布：霍城大西沟、新源野果林。

20）蔷薇白粉病 *Medusosphaera rosae* Golovet Gam.

为害部位：叶片。分布：霍城大西沟、新源野果林。

21）蔷薇黑斑病 *Actinonema* sp.

为害部位：叶片。分布：霍城大西沟、新源野果林。

22）忍冬锈病 *Puceinia iongirostris* Kom.

为害部位：叶片。分布：霍城大西沟、新源野果林。

23）忍冬角斑病（忍冬斑点病）*Kabatia ionicerae*（Haekn.）Hohn.

为害部位：叶片。分布：新源野果林。

24）忍冬腐烂病 *Leucostoma* sp.

25）欧荚蒾叶斑病 *Cercospora penicillata*（Ces.）Eres.

26）欧荚蒾腐烂病 *Leucytospora* sp.

27）茶蔗子叶斑病 *Cercospora* sp.

28）悬钩子斑点病 *Coleroa circinans*（Fr.）Wint.

29）野扁桃（野巴旦杏）腐烂病 *Cytospora* sp.

30）花楸叶斑病 *Ascohyta* sp.

5.5.2　新疆新源野果林区昆虫初步调查

新疆野生果树及野果林中分布的昆虫种类，迄今未见有详细、综合的调查和报道。为了较深入地调查和掌握野果林生物多样性，1998 年 4 ~ 8 月，在新疆伊犁地区新源县交托海野果林（位置：北纬43°21′　东经82°16′），海拔 1100 ~ 1700m 范围中进行了昆虫种类的初步调查。新源野果林昆虫种类调查结果如表 5 – 6。

表 5 – 6　新源野果林区昆虫调查初步统计

种类	种数
一、直翅目 Orthoptera	
1. 蟋蟀科 Gryllidae	1
2. 螽斯科 Tettigoniidae	3
3. 蜢 科 Eumastacidae	1
准噶尔异爪蜢 *Gomphomastax sonorica*	
4. 蝗 科 Acrididae	5

（续）

种类	种数
中宽雏蝗 *Chorthippus apicarius*	
白边雏蝗 *Ch. albomarginatus*	
长角雏蝗 *Ch. longicornis*	
草原异爪蝗 *Euchorthippus parvilus*	
绿洲蝗 *Chrysochraon dispar*	
二、革翅目 **Dermaptera**	1
三、同翅目 **Homoptera**	
5. 叶蝉科 Cicadellidae	5
大青叶蝉 *Tsttigoniella viriodis*	
6. 蚜科 Aphididae	4
绣线菊蚜 *Aphiscitricoa vander*	
杏蚜 *Anuraphis pruni*	
山楂短尾蚜 *Brachycaudus* sp.	
樱桃疣额蚜 *Myzus* sp.	
四、半翅目 **Hemiptera**	
7. 蝽科 Pentatomidae	8
赤条蝽 *Graphosoma rubrolineata*	
蓝菜蝽 *Eurydema oleracea*	
尖头麦蝽 *Aelia acuminata*	
同 蝽 *Homoeocerus* sp.	
红尾碧蝽 *palomena prasina*	
中亚斑须蝽 *Dolycoris pencillatus*	
黄褐蝽 *Dolycoris baccarum*	
麦龟蝽 *Eurygaster integriceps*	
8. 长蝽科 Lygaedae	2
短颊长蝽 *Camptotelus* sp.	
毛缘长蝽 *Sphragisticus* sp.	
9. 缘蝽科 Coreidae	5
点伊缘蝽 *Aeschyntelus notatus*	
坎缘蝽 *Camptopus lateralis*	
鼻缘蝽 *Sinotagus* sp.	
东方缘蝽 *Coreus orientalis*	
颗缘蝽 *Coreus scabricornis*	
10. 红蝽科 Pyrrhocoridae	1
始红蝽 *Pyrrhocoris apterus*	
11. 姬蝽科 Nabidae	1

（续）

种类	种数
异姬蝽 *Alloeorhyachus* sp.	
12. 盲蝽科 Miridae	1
苜蓿盲蝽 *Adelphocoris lineolatus*	
五、蜻蜓目 Odonata	2
六、脉翅目 Neuroptera	
13. 草蛉科 Chrysopidae	1
丽色草蛉 *Chrysapa farmasa*	
14. 褐蛉科 Hemerobiidae	1
七、蛇蛉目 Rhphdidiodea	1
八、鳞翅目 Lepidoptera	
15. 灰蝶科 Lycaenidae	2
蓝灰蝶 *Everes argiades*	
豆灰蝶 *Pledelius argus*	
16. 蛱蝶科 Nymphalidae	4
孔雀蛱蝶 *Inachisio linnaeus*	
荨麻蛱蝶 *Aglais urticae*	
豹蛱蝶 *Argynnis paphia*	
单环蛱蝶 *Neptiscoenobia insularum*	
17. 凤蝶科 Papionidae	3
杏凤蝶 *Papilio padalirius*	
黄凤蝶 *Papilio machaon*	
远鼻凤蝶 *Gonepteryx farinosa*	
18. 粉碟科 Pieridae	10
菜粉蝶 *Pieris rapae*	
大菜粉蝶 *Pieris brassicae*	
留粉蝶 *Metaporia leucodice*	
云斑粉蝶 *Pontia clapidice*	
尖翅粉蝶 *Euploea* sp.	
带纹粉蝶 *Aporiavenata leech*	
苹粉蝶 *Acreategi linnaeus*	
黄粉蝶 *Colias hyale*	
纹黄粉蝶 *Colias hyalepoliograbhus*	
黑脉粉蝶 *Pieris melete*	
19. 眼蝶科 Satyridae	2
禾沙眼蝶 *Coenognipha pampkilus*	
橙斑眼蝶 *Erebie luranica*	

（续）

种类	种数
20. 夜蛾科 Noctuidae	19
杨裳夜蛾 *Catocala nupta*	
烟夜蛾 *Chloridea assulta*	
棉铃虫 *Helicoverpa armogera*	
白带捆夜蛾 *Tarache lactuosa*	
甘薯绮夜蛾 *Erastria trabealis*	
黄地老虎 *Agrotis segetum*	
警纹地老虎 *A. exclamationis*	
八字地老虎 *A. conspicna*	
梨剑纹夜蛾 *Acrouicts rumicis*	
弦夜蛾 *Actinotia pdyodon*	
首剑纹夜蛾 *Acronicta megacephala*	
寒姬夜蛾 *Aleucanitis caucasia*	
齿恭夜蛾 *Gonospileia dentata*	
艺夜蛾 *Hysia caverdosa*	
莴苣夜蛾 *Mamestra olerocea*	
瘦连纹夜蛾 *Cdunnoughia confusa*	
三叶草夜蛾 *Manestra trifolii*	
甘蓝夜蛾 *M. brassicae*	
棘刺夜蛾 *Seoliopteryx libatrix*	
21. 卷蛾科 Tortridae	1
苹果蠹蛾 *Laspeyresia pomonella*	
22. 舟蛾科 Notodae	5
杨二尾舟蛾 *Cerurs meaelann*	
漫扇舟蛾 *Clostera plgra*	
腰燕尾舟蛾 *Harpyla lanigera*	
杨剑舟蛾 *Pheosia fusiformis*	
圆黄掌舟蛾 *Phalera bucephala*	
23. 巢蛾科 Hyponomeuridae	1
苹果巢蛾 *Hyponomeuta matinella*	
24. 尺蛾科 Geometridae	3
栖赤波尺蛾 *Anaitis perelegans*	
黑斑白尺蛾 *Eupithcica centaueata*	
波尺蛾 *Gonodontis* sp.	
25. 灯蛾科 Arctiidae	3
亚麻篱灯蛾 *Phragmatobia buliginosa*	

（续）

种类	种数
稀点星灯蛾 *Spilosoma urticae*	
红棒球灯蛾 *Hipocrita jacobaeae*	
26. 螟蛾科 Pyralidae	1
27. 枯叶蛾科 Lasiocampidae	1
栎枯叶蛾 *gastropacha quercifolia*	
28. 天蛾科 Sphigidae	7
红天蛾 *Deilephila elpenor*	
疆闪红天蛾 *D. porcellus*	
白杨天蛾 *Laothoe populi*	
侧眼天蛾 *Smerinthus ocellatus*	
大戟天蛾 *Hyles euphorbiae*	
猪秧赛天蛾 *Sphinx gallii*	
红节天蛾 *Sphinx ligustri*	

九、鞘翅目 Coleoptera

种类	种数
29. 步甲科 Carabidae	1
婪步甲 *Harpalus* sp.	
30. 隐翅虫科 Staphilidae	1
青翅蚁形隐翅虫 *Paederae fuscipes*	
31. 瓢虫科 Coccinellidae	5
七星瓢虫 *Coccinella septempunctata*	
双七星瓢虫 *Coccinella quaturdecimpustulata*	
二星瓢虫 *Adelia bipunctata*	
方斑瓢虫 *Propylaea quatuordecimpunctata*	
二十二星食菌瓢虫 *Thea vigintiduopunctata*	
32. 芫菁科 Meloidae	1
地胆 *Meloe* sp.	
33. 金龟甲科 Melonlonthoidae	3
金绿花潜 *Cetonia aurata*	
马铃薯鳃金龟 *Amphimallon solstialis*	
斑驳云鳃金龟 *Polyphylla albavicaria*	
34. 伪步甲科 Tenebrionidae	3
亮柔伪步甲 *Prosodes dilaticollis*	
琵琶甲 *Blaps* sp.	
中华齿刺甲 *Oedecelis chinesis*	
35. 叶甲科 Chrysolidae	5
杨蓝叶甲 *Agelastica alni*	

（续）

种类	种数
杨赤叶甲 *Chrysomela populi*	
龟叶甲 *Cassida* sp.	
丽色叶甲 *Entomocelis adonidis*	
隐头叶甲 *Cryptocephalus* sp.	
36. 叩头甲科 Elateridae	2
叩头甲 *Agriotes* sp.	
条纹金针虫 *A. lineatus*	
37. 天牛科 Cerabycidae	3
白腹草天牛 *Eodorcadion brandti*	
38. 象甲科 Curculionidae	8
39. 萤科 Lampyridae	1
40. 蜣螂科 Scarabaeidae	2
大红斑葬甲 *Nicrophorus japonicus*	
41. 粪蜣科 Geotrupidae	1
十、双翅目 Diptera	
42. 食蚜蝇科 Syrphidae	2
短翅细腹食蚜蝇 *Sphaerophoria scripta*	
斜斑古额食蚜蝇 *Lasiopticus pyrastri*	
43. 大蚊科 Tipulidae	1
44. 食虫虻科 Asylidae	2
45. 水虻科 Stratiomyiidae	1
46. 虻科 Tabanidae	1
47. 麻蝇科 Sarcophagidae	3
48. 粪蝇科 Scatophagidae	1
49. 丽蝇科 Calliphoridae	1
十一、膜翅目 Hymenoptera	
50. 姬蜂科 Ichneumonidae	7
51. 茧蜂科 Braconidae	7
52. 木蜂科 Xylocopidae	1
53. 熊蜂科 Bombycidae	3
54. 蜜蜂科 Apidae	1
意大利蜂 *Apis mellifera*	
55. 地蜂科 Andrenidae	2
黄胸地蜂 *Andrena thoracioa*	
细地蜂 *A. speculella*	
56. 条蜂科 Anthophoridae	1

（续）

种类	种数
条蜂 *Anthophora* sp.	
57. 胡蜂科 Vespidae	2
58. 叶蜂科 Tenthredinidae	1
樱桃叶蜂 *Caliroa cerasi*	
十二、蜱螨目 Acarina	
59. 叶螨科 Tetranychidae	1
李始叶螨 *Eotetranychus pruni*	

共采集昆虫标本 5000 余份，经初步整理，种类有 11 目 62 科 178 种，已鉴定到种或属的有 122 种，其中半翅目 6 科 18 种，占总种数的 10.1%；鳞翅目 14 科 62 种，占总种数的 34.8%。在鳞翅目 14 科中，含有 7 个种以上的科是粉蝶科 10 种，夜蛾科 19 种，天蛾科 7 种；鞘翅目 3 科 7 种，占总种数的 3.9%；膜翅目 9 科 25 种，占总种数的 14%。上述 4 个目共含 32 科，占总科数的 51.4%，含 112 种，占总种数的 62.8%（表 5-7）。

表 5-7　野果林昆虫种类含 7 种以上的主要目、科的统计

目	科	占总科数的 %	种	占总种数的 %
半翅目	6	9.6	18	10.1
鳞翅目	14	22.5	62	34.8
鞘翅目	3	4.8	7	3.9
膜翅目	9	14.5	25	14
合计	32	51.4	112	62.8

5.5.3　新疆野生果树主要病虫害及特征

新疆野生果树病虫害种类较多，其中为害较严重的 8 种病虫害症状及特征描述如下。

苹果黑星病 *Venturia inaequalis*

此病是新疆野苹果主要病害之一，为害苹果叶片和果实。叶片上的病斑近圆形，大小不等，青褐色至墨绿色，后期病斑上生烟煤状霉层（为分生孢子梗和分生孢子），尤以叶背更明显，严重的叶片枯黄早落；果实上的病斑初呈淡黄绿色圆形小隆起，后期病斑扩大成中央凹陷边缘隆起，重者病斑龟裂，病果畸形，严重影响果实的产量和质量。

苹果白粉病 *Podosphaera leucotricha*

为害苹果、野苹果的叶片、新梢、花芽和果实。病叶退绿变黄，叶片颜色深浅不均，后期变黄褐干枯脱落，病梢生长停滞至枯死，影响树势和产量。

李始叶螨 *Eotetranychus pruni*

李始叶螨（又名红蜘蛛）为害多种果树及一些农作物，主要为害苹果、野苹果，其次是梨、杏、葡萄、瓜类等。干旱季节是李始叶螨发生为害盛期，甚至会猖獗危害成灾。

苹果巢蛾 *Hyponomeuta matinella*

1997 年在塔城地区的托里野果林严重发生，1998 年属中度发生年份。

苹果蠹蛾 *Laspeyresia pomonella*

为害新疆野苹果等野生果树的果实。分布于伊犁地区野果林。

苹果蚜 *Aphis pomi*

为害新疆野苹果叶片，由于蚜虫危害，使受害苹果树梢生长缓慢，树势发育不良。

野杏细菌性穿孔病 *Xanthomonas pruni*

主要为害叶片，也可危害枝梢。叶片上病斑初呈水渍状小点，后变为圆形或不规则形褐色至红褐色斑点，病斑多沿叶脉及叶缘发生，并可互相愈合。病斑上有黄色晕圈，病部最后呈暗色凹陷，其边缘呈水渍状。

李袋果病 *Taphrina pruni*

为害部位以果实为主，也称囊果病。据资料查证，此病在我国仅分布于东北、西南高原地区。1986 年，在霍城大西沟首次发现李袋果病，危害樱桃李果实，同时发现新源野果林中的欧洲李果实也有此病发生。李袋果病易在持续多雨低温的条件下发生，发生严重的年份，发病率高达 80% 以上，减产 50% 以上。

对新源野果林昆虫的野外调查，虽然时间短、范围小，却采得昆虫标本 5000 余份。经初步整理得到的上述调查结果。当然这一调查结果并不能够全面反映该地区野果林昆虫区系特点，这也是将来需要进一步加强的工作。新疆天山野果林中，昆虫种类繁多、数量庞大，是野果林生态系统中极其重要的组成部分，它们在维持生态平衡中发挥着重要作用，如虫媒传粉等。但某一类群在一定条件下爆发时，将产生较大的危害，对野生果树的生长、发育、产量和繁衍构成一定的威胁。

新疆野生果树病害种类较多，本次调查 31 种主要野生果树病害，其中毁灭性病害较少，主要有苹果巢蛾、苹果蠹蛾、李始叶螨等，以苹果巢蛾的危害最严重，尤其是在塔城地区。1997、1998 两年间，托里野果林连续严重发生虫害，其中 1997 年最为严重，几乎造成野苹果失收。资料及社会调查发现，一般年份，山区的野生果树病害发生率低于农区栽培果树。山区的野生果树林，其病、虫害种类、数量和密度等远远高于平原的野生果林。山区湿度相对较高、生态系统较复杂是造成这一现象的重要原因。

5.6 野果林分布区生态条件及小气候观测与分析

5.6.1 新疆山地野果林的分布与气候因子关系

表 5 − 8　新疆山地落叶阔叶野果林主要分布区气候因子特征

编号	地点	坐标	海拔 (m)	年平均气温 (℃)	1 月平均气温 (℃)	7 月平均气温 (℃)	年均降水量 (mm)	年蒸发量 (mm)	年均相对湿度 (%)	≥10℃积温 (℃)
1	额敏野果林	N 46°21′04″ E 83°58′37″	1040 ~ 1450	5.6	− 14.4	22.3	271	1794	58	2892
2	托里野果林	N 46°08′31″ E 83°32′40″	900 ~ 1500	4.3	− 12.6	20.2	253	1786	63	2336
3	裕民野扁桃林	N：46°10′ E：83°15′	900 ~ 1300	6.5	− 11	22.6	275	1872	58	2905

（续）

编号	地点	坐标	海拔 （m）	年平均 气温 （℃）	1 月平 均气温 （℃）	7 月平 均气温 （℃）	年均降 水量 （mm）	年蒸 发量 （mm）	年均相对 湿度 （%）	≥10℃ 积温 （℃）
4	霍城 野果林	N 44°25′39″ E 80°47′18″	1180 ~ 1700	9.0	-9.4	23.4	220	1887	61	3503
5	伊宁 野果林	N：43°55′ E：81°18′	1000 ~ 1650	8.4	-10	22.6	257	1613	66	3310
6	巩留 野核桃林	N 43°20′47″ E 82°16′09″	1250 ~ 1600	7.4	-11.2	21.1	256	1422	72	3055
7	新源 野果林	N 43°23′15″ E 83°34′57″	1240 ~ 1650	8.1	-8	20.8	479	1285	65	2952

　　新疆温带落叶阔叶野果林是中亚山地特有的野果林的一部分，在我国仅分布于新疆西部山区。从表 5 - 8 可见，主要分布在东经 80°47′18″ ~ 83°58′37″，北纬 43°20′47″ ~ 46°21′04″，落叶阔叶野果林大多分布于海拔 800 ~ 1700m 的山地，海拔最高可达 1930m，与干旱区荒漠气候相比，降水量较充沛，各分布区域年降水量为 270 ~ 600mm，部分区域最多年份降水量可达到 800mm，年平均温度 4 ~ 9℃，1 月平均气温为 - 8 ~ - 15℃，7 月平均气温 20 ~ 23℃。≥10℃ 积温为 2300 ~ 3500℃，蒸发量为 1200 ~ 1900mm，夏季气温并不很高，蒸发量较小，在这些地区，极有利于野生果树的生长、繁衍。在新疆干旱荒漠区，年降水量多为 50 ~ 100mm，而蒸发量高达 3000 ~ 4000mm，夏季高温天气多并且持续时间长，成为典型的荒漠气候区，与野果林分布区气候形成鲜明的对比，这种特殊的气候条件是影响野果林生存和繁衍的重要生态条件。

5.6.2　新源野果林小气候观测及特点分析

　　为了深入研究野果林生长所需要的气候条件以及野果林对生态环境的改造作用，选择新疆伊犁地区具有代表性的天山落叶阔叶野果林——新源交托海野苹果林，1997 ~ 1998年，在新源野果林资源圃建立野苹果林气象观测哨。连续两年进行了人工观测和记载，观测记录和初步分析结果见表 5 - 9，表 5 - 10，表 5 - 11。

表 5 - 9　野果林区与新源县城降水量对比 （mm）

年月	1997						1998						
	7	8	9	10	11	12	1	2	3	4	5	6	7
新源县城	41	63	8.7	4.5	37	15	16	24	52	101	131	105	129
野果林区	64.6	82.9	30.5	7.6	59.8	19.9	24.6	33.9	45.4	123	230	113	205

　　由表 5 - 9 和图 5 - 3 分析得知，根据 1997 年 8 月至 1998 年 7 月记录数据比较，新源县交托海野果林降水量明显大于新源县县城，交托海野果林降水量 975.1mm，新源县县城当年降水量为 686.2mm。降水月份集中在 4 ~ 7 月，其中 5 月份降水量最大，交托海野果林月降水量为 230mm，新源县县城月降水量为 131mm，前者与后者对比结果是 1.75 倍。

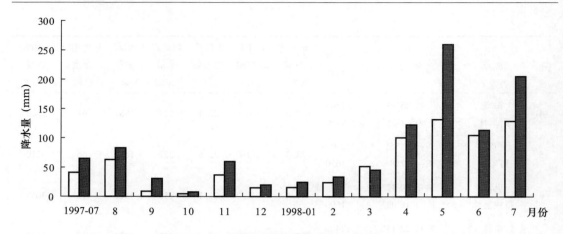

图 5 - 3　野果林区与新源县城降水量对比

表 5 - 10　野果林区与新源县城极端最低气温对比（℃）

年月	1997						1998						
	7	8	9	10	11	12	1	2	3	4	5	6	7
新源县城	11	5.4	7.3	3.6	-16	-18	-16	-13	-16	0	0	11	11
野果林区	8.4	3.2	5.5	2.7	-19	-17	-17	-15	-16	-6	-5	7.5	7.5

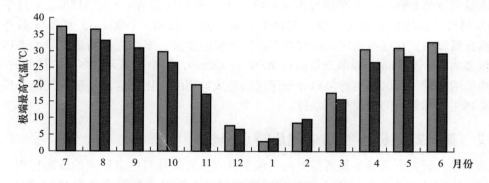

图 5 - 4　野果林与新源县城极端最高气温比较

由表 5 - 10 和图 5 - 4 分析得知，新源县野果林区的年极端最低气温在 - 20℃ 以上，可保证野生果树的安全越冬。但是，春季的寒潮常对野果林构成较大危害。例如，新疆野苹果虽具有一定的耐寒能力，但是在春季寒潮入侵时，常使果树花蕾、幼果受冻受害，严重时绝产。根据观测，1998 年 5 月 17 日，新源野果林出现 - 4.8℃ 的低温，当时野苹果正值幼果期，使当地野果林中野苹果、野杏、欧洲李幼果全部冻死而导致绝产，野果林下限附近的栽培果树也遭同样的灾难。

表 5 - 11　野果林区与新源县城极端最高气温对比（℃）

年月	1997						1998						
	7	8	9	10	11	12	1	2	3	4	5	6	7
新源县城	37	37	35	30	20	7.7	3	8.5	18	31	31	33	33
野果林区	35	33.3	31	36.5	17.2	6.6	3.8	9.6	15.6	26.6	28.4	29.3	29.5

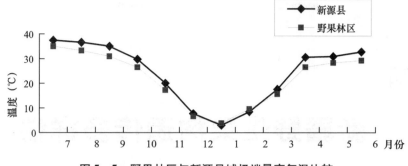

图 5-5　野果林区与新源县城极端最高气温比较

　　气象观测表明，虽说新源交托海野果林与新源县气象站之间直线距离仅有 30km 左右，但新源交托海野果林（海拔 1320m）分布区降水量与新源县气象站（位于县城，海拔 890m）同期相比均大于后者，除个别月份之外，多数月份的降水量前者较后者多20% ~ 45%（表 5-9）；极端最低气温，野果林区比县站低 1~6℃，冬季差别不大，但春季十分明显（表 5-10，图 5-5）；极端最高气温野果林区比新源县站低 1~4℃，春、夏季十分明显，但冬季稍高 1℃左右。

　　综上所述，新疆野生果树生态系统类型的多样性表现出区域内光热、水土条件的差异以及生物资源种类及资源量的差异，在人们对野生果树资源利用乃至农业生态系统的开发利用之时，必须因地制宜进行科学的规划和有效的管理。

　　干旱区野生果树多样性特征不仅反映出该地区内野生果树对经济社会的贡献度和需求适应性，不同生态系统的存在为当地农业、牧业生产、加工业类等生产各种各样的产品，以满足人们经济生活和市场的需要奠定了物质基础。研究不同类型野生果树生态系统的结构功能，人为活动的影响对区域性野生果树生态系统的影响，以及调控的作用，为该地区农牧业生态系统的建设和可持续利用提供科学依据。

第6章

新疆野生果树遗传多样性

本章主要是对部分野生果树进行了孢粉学比较研究；同时对新疆野果树中重要的珍稀濒危树种——新疆野苹果进行了花粉、果实、叶片、等位酶等多样性实验分析和聚类分析。结果表明，叶片性状受到生态环境的影响，而花粉、果实以及过氧化物酶分析显示出新疆野苹果丰富的种下变异，这种变异与居群所在的环境条件并没有明显的对应性，具有丰富的遗传基础。

6.1 新疆部分野生果树花粉的研究

本实验所用的花粉材料均系作者采自各类野生果树的自然居群（表6-1）。

表6-1 部分新疆野生果树花粉的材料与来源

序号	名称	学名	采集地及编号	采集时间
1	野生樱桃李	*Prunus cerasifera*	霍城大西沟	1997
2	天山樱桃	*Cerasus tianschanica*	尼勒克	1996
3	小花忍冬	*Lonicera micrantha*	新源	1996
4	小叶忍冬	*Lonicera microphylla*	新源	1996
5	刚毛忍冬	*Lonicera hispida*	新源	1996
6	新疆野核桃	*Juglans regia*	新源	1996
7	欧洲稠李	*Padus racemosa*	新源	1997
8	野杏	*Armeniaca vulgaris*	新源	1997
9	野扁桃	*Amygdalus ledebouriana*	塔城托里县	1998
10	天山花楸	*Sorbus tianschanica*	新源	1997
11	红果山楂	*Crataegus sanguinea*	新源	1997
12	刺醋栗	*Grossularia acicularis*	新源	1996
13	野苹果	*Malus sieversii*	新源、塔城	1997

在数年的研究中，采集了野苹果等13种野生果树的花粉材料，进行了分析和测量，分析方法见第三章，部分新疆野生果树花粉形态特征描述见表6-2。

表 6－2　新疆几种野生果树花粉形态特征比较

种名	花粉粒形状		萌发孔特征	外壁纹饰	采集地及编号
	赤道面观	极面观			
野生樱桃李	圆球形或近长球形	三裂圆形	三孔沟，孔不明显。沟长，几达两极，并于中央相接，无沟膜。	外壁具两种纹饰：条状纹饰（长条纹和短条纹）和穴状纹饰。长条状纹饰多数平行走向少分支，条脊较宽；短条状纹饰多二叉分支，几形成拟网状纹饰，条脊较窄。	霍城大西沟
天山樱桃	圆球形或长球形	三裂圆形	三孔沟，孔不明显。沟较长，中央不相接，沟膜上具颗粒状附属物。	具穴状纹饰，多数穿孔。小穴至沟边缘和极区减少。	霍城尼勒克
小花忍冬	扁球形或球形	钝三角形或近圆形	三孔沟，沟极短，只延伸在赤道两侧，极区面积大。孔明显，几乎与沟等长。	具小刺状纹饰，同时伴有疣状突起及不明显的穴状纹饰。	新源
小叶忍冬	扁球形	钝三角形	同小花忍冬	具小刺状纹饰，伴有微弱的疣状突起，无穴状纹饰。	新源
刚毛忍冬	不规则形或近球形	近圆形	三孔沟，孔大，沟极不明显，似三孔型。	具小刺状纹饰，伴有疣状突起或隆起，无穴状纹饰。	新源
新疆野核桃	圆球形	无赤道面与极面之分	周孔型，孔小，约 $2\mu m$。孔边缘整齐。	具小型清晰的疣状突起，大小及分布十分均匀。	新源
欧洲稠李	圆球形	三裂圆形	三孔沟，沟较长，并于中央相接，孔不明显。	粗条状纹饰，致密而无空隙。条脊宽，高低起伏，并相互重叠、缠绕。	新源
野杏	长球形或近长球形	三裂圆形	三孔沟，孔不明显。沟较长，无沟膜，边缘粗糙或平滑。	细条状纹饰，条脊较长，平行走向。	新源
野扁桃	圆球形	三裂圆形	三孔沟，沟长而宽，具沟膜，上具许多颗粒状附属物。孔大而明显。	粗条状纹饰，条脊长短交替。	塔城
天山花楸	长圆形	三裂圆形	三孔沟，沟长达两极，无沟膜，沟边缘整齐。沟中央几乎相接，孔不明显。	条状纹饰，条脊宽，短而不分支，并互相交错，多纵向排列，同时具横向的极短条纹。条纹间具大型明显的疣状突起。	新源
红果山楂	圆球形	三裂圆形	三孔沟，沟宽，边缘整齐。孔明显，并具孔盖。	具明显的疣状突起，同时具微弱的条状纹饰，条纹互相交错形成网格状。	新源
刺醋李	圆球形	无赤道面与极面之分	周孔型，孔圆形，大而明显，无孔盖，边缘整齐。	外壁光滑，仅具少数小型疣状突起及很浅的穴状纹饰。孔周围具一很浅的环行凹陷区域，内具多数小突起。	新源

6.2　新疆野苹果遗传多样性

6.2.1　花粉多态性

对分布在两个地区（地理居群）4 个野苹果居群的 34 个个体以及部分栽培品种（5 个品种）共 35 个样品花粉观测数据见表 6 - 3。

表 6 - 3　新疆野苹果及部分栽培苹果花粉数据统计表

序号	采集号或名称	形状	长（mm）	宽（mm）	P/E	沟间距（mm）	沟宽（mm）
1	Ty - 1	圆球形	28.5	26.83	1.06	21.57	6.02
2	Ty - 2	圆球形	29.25	31.24	0.94	22.97	8.19
3	Ty - 3	近扁球形	25.83	29.77	0.87	22.29	6.41
4	Ty - 4	近扁球形	25.67	29.95	0.86	23.83	7.43
5	Ey - 1	圆球形	29.79	31.03	0.96	23.18	5.79
6	Ey - 2	圆球形	28.89	25.77	1.12	17.64	7.23
7	Ey - 3	圆球形	32.2	31.23	1.03	23.98	8.20
8	Ey - 4	圆球形	29.34	28.94	1.01	20.86	5.51
9	Ey - 5	圆球形	30.27	29.13	1.04	21.49	6.20
10	Dy - 1	圆球形	30.71	30.02	1.02	21.56	6.44
11	Dy - 2	圆球形	29.35	27.93	1.05	19.19	6.61
12	Dy - 3	近长球形	29.34	22.75	1.29	21.56	6.44
13	Dy - 4	圆球形	29.38	29.88	0.98	21.75	6.80
14	Dy - 5	圆球形	28.85	30.11	0.96	21.48	7.50
15	Dy - 6	圆球形	30.55	29.78	1.02	21.87	6.45
16	Dy - 7	圆球形	30.79	29.85	1.03	22.5	5.83
17	Dy - 8	圆球形	27.73	28.89	0.96	20.18	6.88
18	Dy - 9	圆球形	29.49	29.16	1.01	20.28	6.25
19	Dy - 10	圆球形	30.82	29.66	1.04	21.11	5.83
20	Dy - 11	圆球形	31.05	30.66	1.01	22.75	5.97
21	Dy - 12	圆球形	26.73	29.80	0.89	20.21	6.90
22	Dy - 13	圆球形	29.92	30.51	0.98	22.71	6.52
23	Dy - 14	圆球形	29.88	30.31	0.98	22.63	8.75
24	Dy - 15	圆球形	29.68	29.15	1.02	20.41	6.45
25	Dy - 16	圆球形	28.92	29.01	0.99	20.76	6.80
26	Dy - 17	圆球形	28.39	28.49	0.99	20.94	5.90
27	Dy - 18	圆球形	30.04	30.59	0.98	17.50	5.20
28	Xy - 5	圆球形	28.16	28.47	0.99	21.86	5.81
29	Xy - 14	圆球形	27.15	27.35	0.99	21.94	5.90

（续）

序号	采集号或名称	形状	长（mm）	宽（mm）	P/E	沟间距（mm）	沟宽（mm）
30	Xy - 15	圆球形	29.01	29.50	0.98	22.81	5.78
31	阿尔波特	圆球形	27.46	28.24	0.97	21.15	4.84
32	甲塔干 1	圆球形	29.72	29.8	0.99	21.39	5.63
33	甲塔干 2	圆球形	27.46	28.94	1.01	20.86	5.51
34	绵苹果	圆球形	28.76	29.17	0.99	21.07	5.89
35	红肉苹果	圆球形	29.23	28.23	1.04	20.93	6.44

注：采用 G. Erdtman 的方法，花粉 P/E 值在 0.75～0.88 之间为近扁球形；0.88～1.14 之间为圆球形；1.14～1.33 之间为近长球形。

表 6 - 3 表明，不同居群新疆野苹果的花粉在形态、大小及外壁特征上均存在一定的差异。苹果属的花粉粒形状特征大多为圆球形，多数样品的花粉粒形状为圆球形，但 3、4 号样却为近扁球形，而 12 号样则为近长球形，说明不同地理居群的新疆野苹果不仅在居群间存在差异，居群内也存在明显的变异。

根据表 6 - 3 数据分析，可根据花粉形态划分成野苹果和栽培苹果 2 大类群；进一步划分为栽培苹果品种类群、新源—霍城类群、霍城类群、霍城—额敏类群、额敏类群、托里类群。初步研究结果表明，新疆野苹果花粉性状在居群间和居群内均有明显的分化，并与生态地理条件有明显的相关性。新疆野苹果花粉，在居群间的变异程度大于居群内的变异。

6.2.2 果实多态性

对来自新源、霍城、额敏和托里居群的新疆野苹果果实形态解剖性状测定表明，新疆野苹果的横径在 2.6～4.8cm、纵径 2.2～4.5cm，果梗长 1.25～3.3cm、果梗粗 0.1～0.17cm，果实可溶性固形物含量多为 11%～13%，最大值为 15.2%，其中有不少类型可直接食用，甜度虽小，但酸度适中，风味较好，在今后的苹果遗传育种中，可作为重要的遗传资源加以利用和开发。

表 6 - 4　新疆野苹果果实外形数据统计

序号	编号	果实横径（cm）	果实纵径（cm）	果梗长（cm）	果梗粗（cm）
1	T1	2.75	2.26	1.25	0.153
2	T5	3.99	3.53	2.45	0.107
3	T6	3.23	2.77	2.32	0.115
4	E1	3.13	2.50	2.59	0.113
5	E2	3.43	3.24	2.65	0.120
6	E3	3.93	3.22	2.60	0.130
7	E4	3.39	2.78	2.11	0.120
8	E5	3.92	3.11	2.32	0.133
9	E6	4.72	3.81	2.82	0.170

序号	编号	果实横径（cm）	果实纵径（cm）	果梗长（cm）	果梗粗（cm）
10	E7	4.41	3.78	1.91	0.137
11	E8	4.18	3.59	2.81	0.143
12	E9	3.23	2.79	2.23	0.130
13	E10	2.46	2.52	3.43	0.107
14	D1	3.13	2.75	2.62	0.116
15	D2	3.92	4.55	2.05	0.165
16	D3	3.38	3.12	3.29	0.133
17	D4	2.92	2.52	1.80	0.153
18	D5	3.22	2.82	2.58	0.130
19	D6	3.00	2.89	2.20	0.143
20	D7	3.23	2.88	2.29	0.133
21	D8	2.66	2.37	2.12	0.127
22	D9	3.01	2.62	2.34	0.150
23	D10	3.20	3.26	1.73	0.147
24	D11	3.57	3.46	1.79	0.150
25	D12	2.65	2.36	1.72	0.197
26	D13	3.42	3.01	2.74	0.133
27	D14	3.69	3.41	1.82	0.153
28	D15	3.07	2.81	3.26	0.123
29	D16	2.97	2.61	1.76	0.127
30	D17	3.39	2.96	2.02	0.130
31	D18	3.55	3.13	2.34	0.120
32	X2	3.25	2.82	2.08	0.139
33	X3	4.30	3.36	1.99	0.133
34	X4	3.37	2.87	2.34	0.127
35	X5	3.37	2.87	2.34	0.127
36	X6	3.23	2.65	2.09	0.115
37	Xi1	3.61	3.38	2.32	0.132
38	Xi2	3.36	3.34	2.63	0.123

　　新源、霍城、额敏和托里等4个居群的38个样品的4个性状的统计数据见表6-4。表6-4表明，新疆野苹果果实在居群间表现较大的差异，果实多态性复杂，额敏居群的果实大小均高于其他居群，新源居群的果实为最小；值得一提的是霍城居群的2号样，其果实形状为较稀少的柱状果形，并且个体较大。同一居群内，果实颜色也变化多样。例如霍城居群的果色变化最多，有全红、黄色、绿色以及众多的中间类型。这说明新疆野苹果在居群内的多样性程度很高，可将新疆野苹果划分成5个类群，明显地反映了新疆野苹果在果实上的多态性。分析发现，果实的这种多态性与生态地理并不相关，并非由于生态条

件引起的变化，具有遗传基础。

6.2.3　叶片多态性

对来自新源、托里和额敏 3 个居群的 23 个样品的测定表明，新疆野苹果的叶片长度在 5.7~9.2cm 之间，变化幅度较大；叶片宽在 2.8~4.9cm 之间；P/E 值在 1.5~2.7 之间；叶柄粗在 0.08~0.12cm 之间；叶柄长在 1.2~3.1cm 之间（表 6-5）。

表 6-5　新疆野苹果叶片性状统计（长度单位：cm）

序号	编号	叶片长（cm）	叶片宽（cm）	P/E 值	叶柄粗（cm）	叶柄长（cm）
1	X1	6.57	3.48	1.86	0.08	3.06
2	X2	7.33	3.66	2.02	0.08	2.44
3	X3	7.65	3.95	1.95	0.08	2.61
4	X4	7.94	4.28	1.86	0.10	2.60
5	X5	5.92	3.43	1.74	0.08	2.19
6	X6	6.72	3.57	1.89	0.08	2.92
7	X7	6.64	3.48	1.94	0.07	2.75
8	X8	8.77	4.37	2.04	0.07	2.61
9	X9	6.09	3.84	1.60	0.08	2.32
10	T1	7.90	3.56	2.21	0.09	1.75
11	T2	7.94	4.20	1.95	0.10	1.97
12	T3	7.14	2.85	2.62	0.08	2.23
13	T4	5.70	3.01	1.92	0.07	1.67
14	T5	6.56	3.29	2.02	0.10	1.29
15	E1	7.20	3.80	1.91	0.09	1.71
16	E2	8.28	4.67	1.77	0.11	2.18
17	E3	7.62	4.69	1.66	0.11	1.75
18	E4	6.91	4.47	1.54	0.10	1.38
19	E5	6.62	4.27	1.45	0.10	1.75
20	E6	8.71	4.25	1.96	0.11	2.61
21	E7	9.16	4.36	1.97	0.12	1.71
22	E8	7.87	4.62	1.71	0.11	1.50
23	E9	8.63	4.83	1.80	0.10	2.01

根据来自新源居群、托里居群和额敏居群的叶片比较研究结果，反映了新疆野苹果叶片形态变化与生态地理条件间的密切关系。从相似度分析，新源居群与托里居群距离较近，而与额敏居群距离较远。居群内个体间的变化并不明显，这在一定程度上说明，叶片的变异主要是由生态环境条件变化引起的。

6.2.4　蛋白质（过氧化物酶）多态性

材料采集来源：采自伊犁地区的新源、塔城地区的托里和额敏县山区的 17 个新疆野苹果（塞威氏苹果）居群的叶片，以及 4 个栽培苹果的叶片材料，一共 21 个样品，进行了过氧化物酶分析。其结果见表 6 – 6。

过氧化物酶谱分成 A 区（Rf < 0.18）和 B 区（Rf > 0.32）。

新疆野苹果过氧化物酶谱共有 11 条酶带，不同个体的谱带在 B 区表现较为一致，除 5 号样外，均不含 b_1、b_2 带。在 A 区表现较为多样化，在 B 区表现不尽相同；2、9、14、16 号样都具 a_2 带而使三者谱带完全相同；1、4、7、15、20、21 号样在 A 区仅有 a_1、a_3 带，在 B 区均没有 b_1、b_2 带，酶谱表现完全相同。苹果的不同种在两个区均有谱带分布。

表 6 – 6 新疆野苹果不同居群间及几种栽培苹果过氧化物酶谱带聚阵表

序号	编号	谱 带												
		1	2	3	4	5	6	7	8	9	10	11	12	13
1	Xy – 1	1	0	1	0	0	0	0	0	1	1	1	1	1
2	Xy – 2	1	1	1	0	0	0	0	0	1	1	1	1	1
3	Xy – 3	1	0	1	1	0	0	0	0	1	1	1	1	1
4	Xy – 4	1	0	1	0	0	0	0	0	1	1	1	1	1
5	Xy – 5	1	0	1	0	1	1	0	0	1	1	1	1	1
6	Xy – 6	1	0	1	1	0	0	0	0	1	1	1	1	1
7	Xy – 7	1	0	1	0	0	0	0	0	1	1	1	1	1
8	Xy – 8	1	1	1	1	0	0	0	0	1	1	1	1	1
9	Xy – 9	1	1	1	0	0	0	0	0	1	1	1	1	1
10	Ty – 1	1	1	1	0	0	0	0	0	1	1	1	1	1
11	Ty – 2	1	0	1	0	0	0	0	0	1	1	1	1	1
12	Ty – 3	1	1	1	0	0	0	0	0	1	1	1	1	1
13	金塔干	0	0	0	0	0	0	1	1	1	1	1	1	0
14	阿尔波特	1	0	1	0	0	0	1	1	1	1	1	1	0
15	甲塔干 1	0	0	0	0	0	0	1	1	1	1	1	1	1
16	甲塔干 2	0	0	0	0	0	0	1	1	1	1	1	1	1
17	Ey – 1	1	0	1	0	0	0	0	0	1	1	1	1	1
18	Ey – 2	1	0	1	0	0	0	0	0	1	1	1	1	0
19	Ey – 3	1	1	1	1	0	0	0	0	1	1	1	1	1
20	Ey – 4	1	0	1	0	0	0	0	0	1	1	1	1	1
21	Ey – 5	1	1	1	1	0	0	0	0	1	1	1	1	0

来自不同地理居群的新疆野苹果个体的谱带在 B 区表现较为一致，除 5 号样外，均不含 b_1、b_2 带，但在 A 区表现较为多样化。

苹果的不同种在两个区均有酶分布，不同种、同一种不同居群间的谱带不尽相同，由表 6 – 6 可见，a_1、a_3、b_3、b_4、b_5、b_6 在多数种中都有分布，a_2、a_4、b_1、b_2 在不同的种间有差别。

苹果属中阿尔波特、金塔干、甲塔干 1 号均具 b_1、b_2 带，但金塔干、甲塔干 1 号在 A 区酶的活性弱，未表现出谱带，此外，甲塔干 2 号缺少 b_1、b_2 带。

表 6 - 7　新疆野苹果不同居群间及几种栽培苹果间的遗传距离

	Xy-1	Xy-2	Xy-3	Xy-4	Xy-5	Xy-6	Xy-7	Xy-8	Xy-9	Ty-1	Ty-2	Ty-3	JTG	APT	JT1	JT-2	Ey-1	Ey-2
Xy-1	1.0000																	
Xy-2	0.9230	1.0000																
Xy-3	0.9230	0.8461	1.0000															
Xy-4	1.0000	0.9230	0.9230	1.0000														
Xy-5	0.7692	0.6923	0.8461	0.7692	1.0000													
Xy-6	0.9230	0.8461	1.0000	0.9230	0.8461	1.0000												
Xy-7	1.0000	0.9230	0.9230	1.0000	0.7692	0.9230	1.0000											
Xy-8	0.8461	0.9230	0.9230	0.8461	0.7692	0.9230	0.8461	1.0000										
Xy-9	0.9230	1.0000	0.8461	0.9230	0.6923	0.8461	0.9230	0.9230	1.0000									
Ty-1	0.9230	1.0000	0.8461	0.9230	0.6923	0.8461	0.9230	0.9230	1.0000	1.0000								
Ty-2	1.0000	0.9230	0.9230	1.0000	0.7692	0.9230	1.0000	0.8461	0.9230	0.9230	1.0000							
Ty-3	0.9230	1.0000	0.8461	0.9230	0.6923	0.8461	0.9230	0.9230	1.0000	1.0000	0.9230	1.0000						
JTG	0.6153	0.5384	0.5384	0.6153	0.6923	0.5384	0.6153	0.4615	0.5384	0.5384	0.6153	0.5384	1.0000					
APT	0.7692	0.6923	0.6923	0.7692	0.8461	0.6923	0.7692	0.6153	0.6923	0.6923	0.7692	0.6923	0.8461	1.0000				
JT1	0.6923	0.6153	0.6153	0.6923	0.7692	0.6153	0.6923	0.5384	0.6153	0.6153	0.6923	0.6153	0.9230	0.7692	1.0000			
JT-2	1.0000	0.9230	0.9230	1.0000	0.7692	0.9230	1.0000	0.8461	0.9230	0.9230	1.0000	0.9230	0.6153	0.7692	0.6923	1.0000		
Ey-1	1.0000	0.9230	0.9230	1.0000	0.7692	0.9230	1.0000	0.8461	0.9230	0.9230	1.0000	0.9230	0.6153	0.7692	0.6923	1.0000	1.0000	
Ey-2	0.9230	0.8461	0.8461	0.9230	0.6923	0.8461	0.9230	0.7692	0.8461	0.8461	0.9230	0.8461	0.6923	0.8461	0.6153	0.9230	0.9230	1.0000

根据表 6 - 7 数据进行聚类，聚类结果见图 6 - 4。

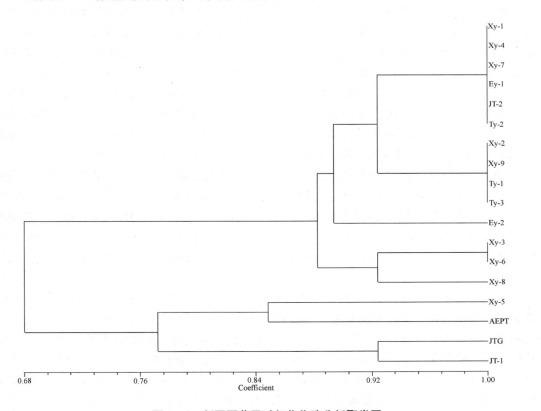

图 6 - 4　新疆野苹果过氧化物酶分析聚类图

　　由图 6 – 4 所知，不同个体间的过氧化物同工酶存在着明显变异。但这种变异与不同地理居群间的对应性并不明显，具有遗传基础。

6.3　新疆野苹果的起源与遗传分化

　　新疆野苹果（塞威氏苹果），部分文献又称之为天山苹果。因居群分布区域条件的差异及变化，种内具有较多的类型。根据不同分布区域、生境的差异、树冠、果实、叶片等表形的差异，部分学者曾认为是两个种，即新疆野苹果 *Malus sieversii* 和吉尔吉斯苹果 *M. kighisorrum*，俞德浚先生认为后者只是前者的一种类型，所有的类型都属于一个种，即新疆野苹果。

　　根据波诺马连科（В. В. Пономаренко）的研究，目前世界上栽培的苹果品种均与新疆野苹果有密切的亲缘关系，新疆野苹果是现代栽培苹果品种的祖先。

　　一种果树的起源中心往往是该种果树遗传变异多样化类型最集中的所在地，是天然的基因库，是物种经过漫长的历史和地理条件自然选择和生存竞争适应而保持的群体。瓦维洛夫认为，多样化类型丰富的中心即基因中心。瓦维洛夫和茹考夫斯基所绘制的世界作物起源的基因中心图，其中心的范围都非常宽，因此，具体到某种果树的基因中心时却难以判断。波诺马连科 В. В. 认为一个种的基因中心是在一定范围内繁衍，中心不是到处存在。例如：森林苹果是以欧洲为中心的；东方苹果是以高加索为中心的；新疆野苹果是以中亚为中心的。

　　野生种质资源尤其是从苹果起源中心选出的代表，是严格的因为这样的材料含有比较多的基因多样性因为这些可作为植物病害和虫害的重要特征，果实质量（结构、香味、贮藏期）、生长属性（寄生根、活力、树形）和生理特性（幼嫩期、低温要求、开花期和果实成熟期），它包含的大量基因对以后解决未遇到的问题提供用途（Korban，1986，Way et al.，1991）。此外，获得珍贵的不可多得的野生种质资源可允许我们用有关现代的苹果起源和驯化的知识去改进，以增加我们对野苹果种群的基因多样性的了解。决定基因多样性的因素是构架在可以被设计的有效采集方法的种群和已得到发展的有意义的就地保护（in situ）种质资源管理方案（Brown and Marshall，1995；Epperson，1990）。

　　几千年的丝绸之路对于人类经济和生产有着重要的影响，人类可以通过种质资源交换等形式进行果树选优，栽培苹果是几种苹果复合体，如野苹果是提供基因的最好的类型，但别的种类也可能提供了基因包括野生高加索苹果——东方苹果 *Malus orientalis*，有来自欧洲的森林苹果 *Malus sylvetris* Miller，西伯利亚的山定子 *Malus baccata*（L.）Borkh.、中国东北的毛山定子 *Malus mandshurica*（Maxim）V. Komarov，以及中国的海棠果 *Malus prunifolia*（Wild.）Borkh 等。

　　美国学者 R. M. Schuster（1972）认为研究起源应根据化石才能肯定物种的起源中心。李育农教授认为在没有足够的化石证据发现的条件下，一种果树的原生类型群落的存在作为起源中心的直接证据是十分重要的。在 20 世纪 50 年代初，新疆野苹果初被报道之时，曾被怀疑是绵苹果逸生后形成的群落，但经调查和研究，新疆野苹果分布面积有 9300hm² 之多，早期将其划分为 43 个类型（张鹏，1959），以后的研究又划分为 84 个类型（崔乃然，1991），余德浚教授认为确系野生类型，新疆野苹果与塞威氏苹果同为一个种。李育农教授在世界苹果和苹果属植物基因中心的论证中认为新疆野苹果分布地伊犁地区应是世界苹果中心的范围。根据新疆野苹果的野生性状分析，该区是属于初生基因中心，而不是次生基因中心。

　　新疆野苹果分布广，变异复杂，其中抗旱抗病等优良的性状将在我国苹果优良性状的选育中发挥重要的作用。但是，应该认识到，在合理地保护新疆野生果树资源方面尚需付出艰巨的努力。由于新疆境内地形复杂、自然环境多样、生态条件复杂，因而其遗传和生态类型极为丰富。多年来，农业生产品种遗传一致性造成病虫害、疾病大流行和大爆发的教训，不断在提醒人们遗传多样性保护的重要性和迫切性。

第7章

新疆珍稀濒危野生果树资源的分布调查及可持续利用研究

新疆伊犁——西天山自然保护区（伊犁、新源、霍城、巩留），是我国生物多样性特殊地区之一，区内分布着珍贵的第三纪残遗植物新疆野苹果、野杏、新疆野核桃、野生樱桃李、野生欧洲李等。新疆野果林阔叶林森林生态系统已被列为中国优先保护生态系统名录。新疆野苹果、野扁桃、野杏、新疆野核桃、准噶尔山楂已被列为中国优先保护物种名录、国家具有生物多样性国际意义的优先保护物种和中国濒危二级重点保护植物。

被列为新疆优先保护物种名录二级保护植物中的野生果树有：新疆野苹果、野扁桃、野杏、新疆野核桃、野生樱桃李等；三级保护植物有：准噶尔山楂、西伯利亚花楸、尖果沙枣等。

充分利用我国野生生物资源特点，采用保护生物学的理论和研究方法，研究新疆野生果树植物的生物多样性以及种群动态规律，对于研究和探索珍稀濒危野生果树的起源、演化和生物多样性都具有重要意义，并将填补我国生物多样性研究之空白。

许多珍稀濒危野生果树具有抗寒性强、耐虫、耐病、耐旱等优良性状，能为我国农业生产和遗传育种提供大量的抗逆性强的种苗和基因资源。开展新疆野生果树生物多样性就地保护（in situ），可为植物种质资源调查、收集、保存和利用，以及筛选、鉴定及抗逆性品种的培育提供基础资料和理论依据。

研究和保护新疆野生果树资源，符合西部大开发战略之需要。为西部大开发、再造山川秀美的西北，进行前瞻性和基础性研究不仅具有十分重要的意义，而且为开发建设西北提供科学的保护和有效地利用干旱区生物资源的科学依据。

7.1 新疆野苹果

7.1.1 资源及地理分布

新疆野苹果分布于中亚的哈萨克斯坦、吉尔吉斯斯坦等国山地和我国新疆的西部山地。哈萨克斯坦野生苹果分布面积为 12 083hm²，其面积和数量均多于我国。

在早期的研究中，由于新疆野苹果在伊犁地区呈不连续分布，根据不同分布区和生境的树形、果实、叶片等性状的差异，部分学者曾认为分布在新疆伊犁地区的野苹果是两个种，即新疆野苹果 *Malus sieversii* 和吉尔吉斯苹果 *M. kighisorrum* Al et An. Theod.（张钊，1965；林培钧等，1984）。而俞德浚先生（1984）认为，后者只是前者的一种类型，所有的类型都属于一个种，即新疆野苹果。

到目前为止，经笔者长期调查研究认为，在新疆天山山区尚未发现自然分布的野生红肉苹果。此外，据报道在新疆南疆的阿克苏地区的乌什县、阿合奇县也有新疆野苹果和野杏分布，但具体的分布地点、区域、面积、种类组成等均没有任何资料，由于经费和时间的关系未能进行实地调查和研究，这将是今后开展工作和调查的内容。

（1）水平分布　新疆野苹果现残存于中亚的哈萨克斯坦、吉尔吉斯斯坦等国山地和我国西部山地。在我国仅分布于新疆伊犁地区的天山山区和塔城地区的塔尔巴哈台山、巴尔鲁克山等山区，在南天山的阿克苏地区的乌什县、阿合奇县等山区曾有分布。分布范围包括新疆 3 个地区的 10 余个县、市，即伊犁地区的霍城县、伊宁市、伊宁县、察布查尔县、巩留县、特克斯县、昭苏县、新源县和塔城地区的托里县、额敏县以及阿克苏地区的乌什县、阿合奇县等地呈不连续分布。除在巩留县莫合尔、新源县交托海等地分布集中且呈带状外，其他地区则多为小面积或零星分布。

据调查统计，新疆野苹果在我国分布面积约 10 280hm²，其中伊犁地区分布面积约为9300hm²，塔城地区分布面积为 980hm²。哈萨克斯坦野生苹果分布面积为 12 083hm²，其中包括塞威氏苹果、吉尔吉斯苹果 *M. kirghisorum* 和红肉苹果 *M. niedzwetzkyana*。

（2）垂直分布　新疆野苹果在各地山区的垂直分布，下限在海拔 900m 左右，上限可达海拔 1930m，集中分布在海拔 1200m~1500m 的山地。

7.1.2　形态特征

新疆野苹果，乔木，一般高 6~8m，最高可达 14m 左右，干周 50~150cm，个别最粗者可达 360cm。树冠枝条稀疏，或中等稠密，干部灰棕色或暗灰色。枝条发出角度大，间或具有针刺。叶片大，长 6~11cm，宽 3~5.5cm，稍革质，背面被有茸毛。每花序有花3~5 朵，花大，花梗长，具有较密茸毛。果实大小、形状、色泽不一，直径 3~7cm，重16~100g，一般果实重约 20~25g，最大果实可达 100g 以上，圆形或稍扁，常有棱，多为白、绿、黄色，亦有红色条纹状，或全红者，风味多苦酸，但也有风味较好者，可溶性固形物含量为 9.8%~13.6%。

红肉苹果亦起源新疆，紫奈早在《汉武帝故事》中就有汉武帝在御花园里摘食"紫奈"的记载。西汉时期将奈分成赤、白、紫、青 4 种，并把紫奈形容成"仙药之次者有紫奈"。据推断，这种"紫奈"可能就是现今的红肉苹果。笔者多年在新疆野果林考察但未发现有自然分布的野生红肉苹果，在新疆的南北疆各地农民的果园中有栽培，有资料介绍在甘肃河西走廊亦可见到栽培红肉苹果的踪迹。

7.1.3　种群结构

新疆野苹果基本上属于树龄长、生长缓慢、树干低矮、中等产量的树种，种群主要由中等高度的树木组成，中等果树最长的生长周期可延长到 65 年，但产果时间可延续到 100年，个别的个体要更长一些，在新疆的新源县山区至今还生长着一株 600 年树龄的新疆野苹果古树。

新疆野苹果为耐荫性树种，更新需要庇荫条件。更新方法有：①种子传播，以自然落果、萌发、鸟类啄食扩散，兽类取食后粪便排出扩散，以牛马等牲畜传播为主，以及人类活动扩散。②自然根蘖更新，在野果林可常见这种形式。③伐桩更新以及伐根更新。

种群结构调查：本研究采用点象调查法，记录样方（象限区内）新疆野苹果的基径、年龄、高度、树冠等，1997 年春季，在伊犁新源县交托海野果林区，共调查取样野果林树木 200 株，其中新疆野苹果 153 株，统计结果见表 7 - 1，图 7 - 1）。

表 7 - 1　新疆野苹果树木调查分级统计表

等级	Ⅰ	Ⅱ	Ⅲ	Ⅳ	Ⅴ	Ⅵ	Ⅶ	总计
数量	1	12	57	56	16	10	1	153
百分比（%）	0.7	7.8	37.2	36.6	10.5	6.5	0.7	100

按树龄划分为若干等级

Ⅰ级　幼苗 H < 30cm

Ⅱ级　幼树 H > 30cm，DBH < 2.5cm

Ⅲ级　小树 DBH 2.6 ~ 15cm

Ⅳ级　中树 DBH 16 ~ 25cm

Ⅴ级　成树 DBH 26 ~ 35cm

Ⅵ级　大树 DBH 36 ~ 60cm

Ⅶ级　特大树 DBH 60cm 以上

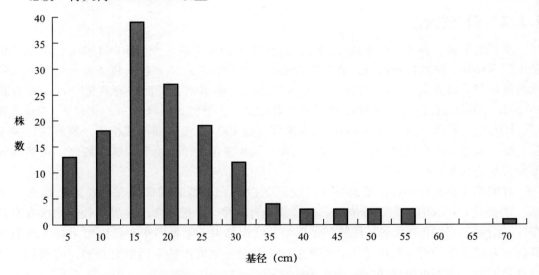

图 7 - 1　新疆野苹果种群结构分布图（以新疆新源野果林为例）

7.1.4　神奇珍稀的古树——新疆野苹果树王

笔者近年在从事"新疆野苹果种群保护生态学、遗传多样性"的研究工作中，对分布在中国新疆以及哈萨克斯坦、吉尔吉斯斯坦等地野苹果分布地进行了分布、种群动态、遗传多样性等方面的研究和考察工作。

调查结果表明：在新疆伊犁地区新源县南山分布着一株树龄距今约为 600 年的新疆野苹果古树，生长在海拔 1930m 的山地，其垂直分布之高度在国内外均属十分罕见，巨大的新疆野苹果古树高达 12.9m，树冠开阔，冠幅 18.9m×15.3m，基径 2.38m，古树树体无明显的主干，形成 5 个巨大分支，直径分别为 0.99m、0.72m、0.69m、0.68m 和 0.51m。该树生长势良好，枝叶茂盛，树体中上部仍结有大量的果实，由于分布在高海拔地带果实成熟期较晚。由于树体巨大，树龄古老，被当地牧民尊为"神树"，并且在这棵野苹果树王周围尚存多株基径在 0.8～1.5m 的野苹果大树，均具有较强的结实能力，并且能够正常生长、发育、结实和繁衍，从而形成了一个独特的新疆野苹果古树分布区。

新疆野苹果适应湿润、冷凉的生长环境，分布于海拔 900～1930m 的阴坡或半阴坡，花期 4 月下旬至 5 月上旬，果实成熟期 8 月中旬至 9 月上旬。虽然野苹果具有广大的分布区和丰富的多型性，且在种内以具有高的多样性为特点。关于新疆野苹果起源、演化的很多问题以及该种的作用和地位的描述和研究，目前已引起了有关专家关注。由于长期以种子繁殖为主，类型甚多，果实的大小、成熟期、品质和植株的高矮、抗逆性都有很大的差异，寿命比较长，500 年以上的古树仍然有结实的能力。

新疆野苹果古树分布区内，从 1999 年被开通了一条简易道路，从新疆野苹果古树分布区通过，那棵神奇的古树——新疆野苹果树王就在路边"站岗、放哨"，当修建道路时有 10 余株新疆野苹果古树，以及部分天山花楸、天山云杉被毁，并使新疆野苹果树王以及分布区其他的新疆野苹果古树的根系受到破坏和很大的影响，道路开通后，随着人们经济活动的日益频繁，分布区环境和物种将受到越来越严重的威胁和破坏。

新疆野苹果在新疆苹果栽培历史上发挥了重要的作用，新疆南、北疆各地的许多苹果古老品种均由本种选育而成。根据多年的苹果苗木繁殖经验，新疆野苹果适宜作栽培苹果的砧木，亲和力强，种源丰富，已成为西北地区以及其他省区的苹果主要砧木之一。由于缺乏自然保护的措施和管理，野苹果林自然生境遭到严重破坏，致使新疆野苹果分布面积不断缩小，新疆野苹果资源正在不断减少，使其种群数量下降，种群扩大和繁衍严重受阻。因此，呼吁国家和当地有关部门应尽早建立野苹果林自然保护区，将独特的新疆野苹果古树分布区纳入自然保护区，实行有效的封闭保护，加强管理和开展就地保护研究。

7.2　新疆野杏

野杏 *Armeniaca vulgaris* 也称新疆野杏，与栽培的杏均属一个种。野杏从天山东部的木垒、奇台至天山西部，伊犁河北岸天山南坡的伊宁县匹里青沟、吉里格朗沟、霍城县小西沟，以及向东延伸至新源县铁尔勒克一带面向山沟，呈不连续分布状态。据史书记载，早在公元前 2 世纪前后，桃、杏通过丝绸之路传入伊朗，后由伊朗传入欧洲，西迁的杏采自何地，是否出自新疆或中亚一带的国家和地区有待进一步研究。

Kostina（1969）将普通杏划分出 4 个主要的地理生态群和 13 个区域性亚群。新疆幅员辽阔，在复杂的自然条件下，通过长期选择和栽培亦形成了众多的类型，这些类型多属于中亚细亚生态群。新疆栽培杏的祖先是在野生杏的基础上形成的，比其他群系抗旱、耐寒。野杏类型多，不仅有毛杏，而且有油杏类型，这与新疆油杏栽培类型多似有一定关系。

7.3　新疆野核桃（野胡桃）

从前述地质史料看，新疆从第三纪到晚更新世至全新世时期以来，南北疆均出现了核桃的孢粉化石，而且除普通核桃外，尚有尖角核桃及山核桃等孢粉化石。它们的存在证明新疆是我国核桃起源地之一。公元 3 世纪晋代张华《博物志》："张骞使西域还，乃得胡核种"，说明核桃东传是从西域开始的。新中国成立后，考古工作者在巴楚县脱库孜萨来北朝文化层、吐鲁番的唐古墓中发掘出了大量的核桃仁及种壳，这些核桃应该是当地生产的，说明新疆在距今 2000 年前已种植核桃，它们的祖先应来源于新疆野核桃，但核桃是从西域引种到内地的观点是一致的。古老西域泛指今甘肃河西走廊以西的新疆和部分的中亚地区。因此东传的核桃十分可能取自新疆。新中国成立后，山东、河北、北京、陕西、甘肃等省（直辖市），先后从新疆大量调运种用核桃，通过实生选育出了各地的良种，再次说明我国核桃东传来源于新疆的事例，而并非早期报道我国栽培的核桃原产欧洲东南部和亚洲西部之说。

7.3.1　资源及地理分布

新疆野核桃（野胡桃）分布在西部天山伊犁谷地前山地带的峡谷中，是新疆栽培核桃群系的直系祖先。它与新疆野苹果、野杏等组成的伊犁山地植被垂直带谱中的落叶阔叶野果林群落，集中分布在伊犁地区巩留县山区，呈"岛屿"分布状态，分布范围 $1180hm^2$，分布面积为 $320hm^2$，现仍保留有 3800 余株野核桃。野核桃远在前苏联境内的西天山和帕米尔—阿赖山地有较大的天然群落，但与伊犁相距遥远，中间没有连续分布。因此，伊犁的野核桃林主要分布在新疆伊犁谷地巩留县南部的凯特明山中，当地农牧民称为"江格德萨依"（哈萨克语意为核桃沟）。野核桃沟南北走向，在北纬 43°22′，东经 82°16′。沟谷狭窄，山势陡峭，坡度在 30°～50°之间。野核桃沟由主沟和 3 条支沟（即东沟、中沟、西沟）组成，各沟内均有溪水，终年不冻。野核桃垂直分布高度为海拔 1250～1600m，集中分布的地带在 1300～1500m 之间。此外，在新疆霍城县的大西沟和小西沟也有零星分布。

1961 年 7 月，新疆八一农学院张钊教授等从果树学方面首次对新疆野核桃进行了调查研究。1972 年该院张新时教授等从地植物学方面对野果林（包括新疆野核桃）进行了考察。1981 年，严兆福等从生态学、生物学等方面进行了全面考察。

集中成片的面积约 $30hm^2$ 亩，散生面积约 $15hm^2$，总共约 $44.7hm^2$。根据 1961 年调查资料：进入结果期的野核桃约 1000 株，小树约 1000 株。1981 年，依在树上编号调查统计，从地面直径（离地面 30cm 处）7cm 以上开始计数，统计结果为：主沟 365 株，东沟 401 株，中沟 853 株，西沟 1450 株，共计 3100 株左右，这与 1961 年数字比较，有较大的发展。

根据我们的调查，野核桃树生长势良好，具有很强的发枝力和结实能力，坚果品质尚佳，近几年，巩留野核桃自然保护区的野核桃干果产量每年收获 2～4 吨。

根据观测，野核桃林区的降水量在 600mm 以上，年湿润系数在 0.60 以上。这种水分条件在新疆是不可多得的。而且降水尤以生长季节更为丰富，其他各月分布也比较均匀，这是野核桃生长发育的重要因素之一。

据保护区人员介绍，1981 年设立的气象哨观测，巩留野核桃自然分布区（气象哨海拔 1260m）处的平均气温 7.6℃，6～8 月的平均气温为 17.0～19.7℃，夏季几乎没有高温天气。≥10℃的积温为 1865.4～2338.9℃（计 101～113 天），无霜期 150 天。1982～1983 年最冷的 12 月和 1 月份，野核桃林区平均气温为 - 3.8℃和 - 3.3℃，这与伊犁阿拉套山（海拔 1350～1529m）1 月的平均气温 - 3.7℃相近，但比巩留县气象站（位于县城平原，海拔 747m）同期的 - 7.9℃和 - 6.8℃，分别提高 4.1℃和 3.5℃；月平均最低气温提高 6.3℃和 6.0℃；极端最低气温，野核桃林区比县站分别提高 11.1～12.4℃。

强烈寒流入侵的年份（如 1969 年），野核桃林枝条也遭受冻害，尤其是春温的突变会严重影响产量。如 1982 年 5 月 11 日突降春雪，致使当年巩留野核桃自然保护区的野核桃产量仅有 0.18 吨，损失很严重。

野核桃林下的土壤深厚肥沃，土壤有机质含量相当丰富，达 3.39%～5.51%，pH7.0～7.7，是野核桃的生存和繁衍的生态基础条件之一。

此外，在霍城的大西沟和小西沟内，尚残存着零星的野核桃树。据记载，1961 年的调查记录为 47 株；1980 年的调查记录为 31 株；1997 年 8 月，笔者进行了实地调查，大西沟有野核桃，分布地位于海拔 1450～1500m，尚有野核桃树 10 株，最大一株直径 68cm；小西沟有野核桃树 21 株。

7.3.2　巩留野核桃自然保护区内新疆野核桃种群结构调查

1997 年 6 月，笔者在伊犁巩留野核桃自然保护区内进行了新疆野核桃种群结构调查工作，其结果详见表 7 - 2。

表 7 - 2　野核桃种群结构调查（接触法）　　调查地点：保护区主沟

编号	距离（m）	基径（cm）	高度（m）	冠径（m）	分枝数
1	3.2m	0.31	14m	14×13	1
2	6.5m	0.62	15m	16×11	3
3	6.8	0.76	18	16×10	1
4	23.m	0.09	8.5	4×3	1
5	1.5	1.27	10.5	12×11	1
6	7.3	0.35	12	10×8	1
7	6.5	0.21	10	7×6	1
8	4.2	0.02	0.8	5×4	1
9	2.8	0.11	4.5	2×1.6	1
10	5.1	0.26	10.5	8×6	1
11	6.3	0.24	12.5	8×7	1
12	2.8	0.08	4.5	3×2	1
13	0.52	0.09	6.5	2×2	1
14	0.90	0.12	7.0	3×2	1
15	10.5	0.42	16	13×11	1

（续）

编号	距离（m）	基径（cm）	高度（m）	冠径（m）	分枝数
16	2.1	0.13	7.5	4×3	1
17	3.0	0.95	18	16×14	4
18	2.1	0.54	18	12×10	1
19	15.5	0.14	7.5	5×3	1
20	12.0	0.20	12	6×3	1
21	8.5	0.05	2.5	3×2	1
22	4.5	0.25	12.0	8×6	1
23	6.2	0.34	16	15×10	1
24	2.5	0.63	18	16×15	1
25	9.8	0.28	16	5×4	1
26	13.5	0.18	14	8×6	1
27	8.9	0.21	13	7×6.4	1
28	2.3	0.35	16	6×5	1
29	5.0	0.53	17	15×12	2
30	4.8	0.9	8	3×2	1
31	3.5	0.7	6	4×3	1
32	2.0	0.21	10	6×5	1
33	1.2	0.42	13	12×10	1
34	3.5	0.16	10	4×3	1
35	2.0	0.28	12	7×6	1
36	3.1	0.10	5	3×2	1
37	6.5	0.36	13	10×8	1
38	2.5	0.08	7	2×2	1
39	3.4	0.34	16	14×11	1
40	2.1	0.32	18	8×7	1
41	1.9	0.37	17	9×6	1
42	3.5	0.32	16	8×5	1

调查地点：中沟种群调查表

编号	距离	基径	高度	冠径	分枝数
43	7.9	0.08	7	3×3	
44	4.2	0.26	16	5×4	1
45	1.2	0.36	15	8×7	1
46	0.8	0.29	18	10×6	1
47	1.9	0.24	16	10×5	1
48	3.2	0.03	2	2×2	1

（续）

编号	距 离	基 径	高 度	冠 径	分枝数
49	2	0.06	1.8	2×1	1
50	3.6	0.04	1.5	1×1	1
51	7.6	0.36	16	10×6	1
52	3.8	1.13	5	3×3	1
53	1.8	0.42	16	10×8	1
54	2.6	0.63	18	12×11	2
55	3.8	0.18	14	8×6	1
56	1.3	0.16	12	7×5	1
57	3.2	0.28	14	9×6	1
58	2.4	0.04	3	2×1	1
59	0.20	0.07	5	3×2	1
60	1.60	0.15	9	5×4	1
61	1.8	0.17	8	4×4	1
62	2.3	0.06	5	3×2	1
63	3.0	0.36	16	9×8	1
64	2.9	0.32	15	13×10	1
65	2.0	0.03	3.4	2×1	
66	7.9	0.04	2.8	1×1	
67	3.5	0.11	6.5	4×3	
68	0.8	0.22	12	9×7	
69	3.6	0.38	15	10×8	
70	2.4	0.23	14	10×9	
71	1.9	0.11	6	4×3	1
72	3.2	0.43	16	11×10	1
73	7.6	0.07	8	3×3	1
74	3.2	0.30	11	10×8	1
75	0.50	0.18	10	9×9	1
76	0.80	0.07	4	2×1	1
77	6.3	0.21	10	9×8	1
78	2.4	0.06	3	2×1	1
79	0.8	0.22	11	8×8	1
80	1.2	0.46	13	11×10	2
81	4.5	0.29	12	9×8	1
82	3.4	0.18	9	7×5	0
83	9.2	0.40	11	10×10	3
84	4.5	0.32	10	9×8	1
85	6.2	0.42	13	11×10	1

调查地点：西沟种群调查表

编号	距离	基径	高度	树龄	冠径	分枝数
86	1.8	0.10	5		3×3	
87	2.3	0.40	11		14×10	
88	1.9	0.28	10		8×8	
89	9.4	0.26	11		10×10	1
90	3.2	0.14	8		7×8	1
91	3.0	0.32	13		10×10	1
92	0.90	0.28	10		9×8	1
93	0.70	0.10	3		2×2	1
94	4.5	0.18	4		3×3	1
95	7.8	0.38	16		16×15	1

调查取样野核桃树 97 株，统计结果见图 7 − 2。

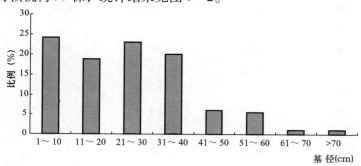

图 7 − 2　新疆野核桃种群年龄结构示意图

图 7 − 2 表明，在巩留县野核桃自然保护区内，基径在 10cm 以下的野核桃幼苗和幼树占调查总数的 24.2%，基径为 11 ~ 20cm、21 ~ 30cm、31 ~ 40cm 的成年个体数分别占 18.9%，23.1% 和 20%，40 ~ 60cm 的树体占 11.5%，60cm 以上的仅为 2.2%。从年龄结构来看，成年树占 52%，是一个较稳定、发展的群体结构。调查发现，保护区内野核桃幼苗和幼树数目偏大，这可能是人为干涉所致。根据保护区的管理人员介绍，20 世纪 60 年代开始，当地的管理人员经常将采收的野核桃种子在野核桃林中进行人工繁殖，可能这是造成野核桃种群中幼树数量偏大的主要原因。

7.4　野生樱桃李

7.4.1　资源及地理分布

野生樱桃李 *Prunus cerasifera*，又称樱桃李、野李子、野酸梅，在我国仅见于新疆天山西部伊犁地区的霍城县大西沟和小西沟山地，其垂直分布为海拔 1000 ~ 1650m，其中在海拔 1200 ~ 1300m 分布较集中，在小西沟较开阔的阳坡则能形成小面积的纯林。野生樱桃李在我国分布面积仅有 1500hm² 左右，生长在温暖、较湿润的环境。果实成熟时，有黄色、紫红色、黑紫色之分，果肉柔软、多汁、核小、酸度高，营养丰富。果实含糖 5%～7%，果胶 15%，柠檬酸 4%～7%，还富含维生素 A6 和维生素 C，是一种极好的天然保健食品，不仅可作鲜食、干果，也可加工成果汁、果酱等食品。野生樱桃李抗逆性强，可用作桃、李、杏等栽培果树的砧木和接穗，也是一种良好的抗逆性育种材料。

7.4.2　迁地保护试验

多年来由于过度放牧、旅游和掠夺式的采摘等人类经济活动的影响，野生樱桃李的生境极度恶化，分布面积和数量剧减。为保护这一珍贵的种质资源，近年来，笔者所在课题组研究人员对野生樱桃李进行了育苗、繁殖和栽培试验（表 7 - 3）。

表 7 - 3　野生樱桃李迁地保护栽培生长调查表

（调查日期：1997 - 10 - 28　地点：新源县）

编号	基径（cm）	株高（cm）	冠径（cm）
1	4.82	270	260×240
2	7.17	270	280×280
3	8.17	320	280×290
4	6.55	330	230×210
5	6.50	250	220×215
6	6.98	280	300×310
7	7.92	270	280×290
8	6.33	280	240×250
9	6.23	360	400×360
10	7.64	270	320×340
11	6.76	280	300×320
12	8.36	260	300×260
13	7.51	270	230×230
14	5.07	230	260×220
15	5.15	270	270×250
16	7.63	230	240×250
17	8.74	280	270×270
18	7.77	310	300×280
19	7.26	260	280×240
20	5.17	240	270×290
合计	6.89	276.5	276×269

伊犁地区园艺研究所新源野生果树与农用植物资源圃位于新源县交托海野果林区，年均气温为 15.5℃，年降水量 400～600mm，气候湿润、降水丰富，黄土层深厚，土壤肥力较高，对野果树的生长发育尤为适宜。本试验于 1994 年开始采种、育苗，1995 年定植，定植株数 20 株，成活率 100%，1997 年部分植株开花结实。据 1997 年调查，4 年生野生

樱桃李平均基径为 6.89cm，平均株高 276cm，平均冠径 276cm×269cm。野生樱桃李种子发芽和出苗受环境条件影响较大，出苗率低。在实生苗育苗、嫁接繁殖试验中，采用了 15 种种子处理方法，出苗率最高达 92% 左右，已初步掌握了野生樱桃李育苗的关键技术环节和方法。在嫁接繁殖试验中，选用榆叶梅 *Amygdalus triloba*、山桃 *Amygdalus davidiana*、野杏 *Armeniaca vulgaris*、毛樱桃 *Cerasus tomentosa* 做砧木，也取得了较好的效果，最高成活率可达90%。

7.5　野生欧洲李

根据考古资料介绍，东汉时期的尼雅遗址，汉、晋时期的楼兰古城遗址，若羌的瓦什峡遗址等地，均发现了被沙埋没的枯干酸酶的植株残体和随葬品的酸酶干。酸酶即欧洲李，民间把它作为解渴生津的清凉饮料，维吾尔语称为"卡拉玉吕克"（黑杏之意），说明欧洲李在新疆栽培历史非常久远，从分布来看，在新疆南、北疆均有栽培，栽培范围十分广泛，但其来源出自何处，是众多学者长期争论的问题，还有待于进一步研究和考证。

许多学者认为野生樱桃李 *Prunus cerasifera* 与黑刺李 *Prunus spinosa* 自然杂交产生欧洲李 *Prunus domestica*，在野生樱桃李与黑刺李分布连接的地区，可以见到一些自然杂交而产生的各种中间类型，欧洲李的起源问题争论已久，欧洲李有无野生种等问题尚无定论（余德浚，1979）。但关于欧洲李演化分离情况研究甚少，新疆伊犁野生欧洲李所分布的地区仅有樱桃李而未发现黑刺李，不具备欧洲李形成条件。然而根据新疆野生欧洲李分布的地带，它与野苹果、野核桃、野杏等处于同一位置，属于第三纪及第四纪初冰期运动保存下来的古老植物群落中的一个成员，按其分布位置并无生物传播的可能。因此，新疆平原栽培的酸梅品种很可能是野生欧洲李通过人为的活动，长期选择的结果。但这一结论尚缺乏有力的证据，需进一步研究和探讨。

关于天山山区珍稀濒危野生果树，笔者进行了多年的研究和探讨，野生樱桃李在新疆天山山区分布极为有限，由于多年来的人为干扰和破坏，已处于濒临灭绝的边缘，急需研究和保护；林培钧等人 1989 年发表了"野生欧洲李 *Prunus domestica* 在新疆的发现与分布"的论文，发现在新源县交托海、沃尔塞（洛尔塞）、阿勒马塞及巩留县的伊力格带等野果林边缘的山地草原上均分布有野生欧洲李。根据调查这些野生欧洲李与新疆平原栽培的酸梅属于同种植物，它可能就是新疆平原栽培酸梅的祖先。关于新疆天山山区野生樱桃李的分布范围、居群的大小，以及野生欧洲李的原生种的确定、分布、历史演变等问题，尚待进一步进行研究；野生樱桃李在长期的进化过程中，形成一定的居群遗传基础，只有了解居群的遗传变异及多态型水平，根据居群多态型水平高低，制定有效的措施，为珍稀濒危植物的保护、开发和利用提供科学依据。

7.6　伊犁地区新源野生果树与农用植物种质资源圃

1986～1990 年，伊犁地区园艺所林培钧在主持、完成国家自然科学基金资助项目"伊犁野果林综合研究"的同时，并根据国家自然科学基金委 1986 年的项目批准书的建议："在调查研究的同时，要选择适宜地点建立资源圃，为今后研究工作打下基础"，1986 年着手进行资源圃的选址工作。在新源县人民政府、新源县野果林改良场的大力支持下，在新源县野果林改良场交托海野果林区内另辟 23hm² 野果林地，作为伊犁园艺研究所研究和保护野果林的植物种质资源圃。资源圃位于伊犁地区新源县野果林改良场交托海野果林中心地带，东经 83°34′51″~83°35′09″，北纬 43°22′40″~43°23′15″，中心区位于海拔1320m，分布范围为海拔 1300~1580m。1992 年得到新疆维吾尔自治区科委批准的建立"伊犁野果林野生果树与农用植物资源圃"研究项目，定名为"新源野生果树与农用植物种质资源圃"。自 1993 年开始，在中国科学院新疆生物土壤沙漠研究所研究人员的帮助和指导下，与日本国立静冈大学开展了"农用植物资源圃"国际合作研究项目，在多个研究项目的支持和多方人员、力量的帮助下，不仅建圃工作进展顺利，同时进行野生植物种质资源的收集、整理、保存、保护和研究等项工作。1997 年在伊犁地区行署、新源县人民政府、新源县野果林改良场的大力支持下，资源圃的野果林保护区已扩大为 100hm²，保护区建设规划为核心区、缓冲区、试验区三部分，从而更有利于收集和保存野生果树和农用植物种。从 1995 年开始由中国科学院新疆生物土壤沙漠研究所阎国荣牵头，与伊犁地区园艺研究所建立了长期的地方合作研究关系和项目，双方与日本国立静冈大学共同执行和开展"农用植物资源圃"国际合作研究项目，已获得研究经费 450 万日元（折合人民币 30多万元）。

　　中国科学院新疆生物土壤沙漠研究所阎国荣获 1997 年国家自然科学基金资助项目"新疆野苹果遗传多样性研究"（Study on the Genetic Diversity of *Malus sieversii* in Xinjiang），该研究以新源野生果树与农用植物种质资源圃为中心，进行塞威氏苹果的遗传资源收集、整理和保存等项研究工作。资源圃的建立，对保护新疆野生果树植物物种、遗传资源和生态系统多样性发挥着重要的作用。同时为国内外学者开展对野果林的研究提供现场，为合理开发利用天山生物资源提供试验基地，并对促进工农业生产的发展，普及科学技术知识，建立爱国主义教育基地，以及旅游观光等均有良好的前景。还可以争取更多的国内外合作项目，不断引进技术、资金和人才，通过合作与交流，促进新疆农林牧业可持续发展。

7.7　新疆珍稀濒危野生果树与农用植物的引种栽培和物候观测

7.7.1　引种栽培

　　为防止珍稀濒危植物的丧失，对其进行认真保护、积极繁殖栽培，并对具有重要价值和意义的主要植物种类进行研究，以利于进一步的开发利用工作。现将 50 余种新疆野生果树及植物的繁殖栽培情况介绍如下（表 7-4）。

表 7-4　新疆重要野生果树及农用植物的栽培繁殖

编号	名称	学名	繁殖方式	性状	用途	生长情况
1	野苹果	*Malus sieversii*	实生苗	乔木	育种、生态环境保护	良好
2	野杏	*Armeniaca vulgaris*	实生苗	乔木	育种、生态环境保护	良好
3	红肉苹果	*Malus niedzwetzkyana*	移栽	乔木	育种、生态环境保护	良好
4	野生樱桃李	*Prunus cerasifera*	实生苗	乔木	育种、生态环境保护	良好
5	欧洲李	*Prunus domestica*	移栽	乔木	育种、生态环境保护	良好

（续）

编号	名称	学名	繁殖方式	性状	用途	生长情况
6	天山樱桃	*Cerasus tianschanica*	移栽	灌木	育种、生态环境保护	不良
7	红果山楂	*Crataegus sanguinea*	原生	乔木	育种、绿化	良好
8	准噶尔山楂	*Crataegus songorica*	移栽	乔木	育种、绿化	一般
9	阿尔泰山楂	*Crataegus altaica*	移栽	乔木	育种、绿化	一般
10	尖果沙枣	*Elaeagnus oxycarpa*	移栽	乔木	育种、绿化	一般
11	沙棘	*Hippophae rhamnoides*	移栽	灌木	育种、绿化	良好
12	欧洲稠李	*Padus racemosa*	移栽	乔木	育种、生态环境保护	良好
13	天山花楸	*Sorbus tianschanica*	移栽	乔木	生态环境保护	良好
14	波氏枸杞	*Lycium potaninii*	移栽	灌木	育种、生态环境保护	良好
15	树莓	*Rubus idaeus*	移栽	灌木	食品加工	良好
16	黑果悬钩子	*Rubus caesius*	移栽	灌木	食品加工	良好
17	疏花蔷薇	*Rosa laxa*	移栽	灌木	食品加工	良好
18	宽刺蔷薇	*R. platyacantha*	移栽	灌木	食品加工	良好
19	多刺蔷薇	*R. spinosissima*	移栽	灌木	食品加工	良好
20	尖刺蔷薇	*R. oxyacantha*	移栽	灌木	食品加工	良好
21	腺齿蔷薇	*R. albertii*	移栽	灌木	食品加工	良好
22	落萼蔷薇	*R. beggeriana*	移栽	灌木	食品加工	良好
23	蔷薇	*Rosa* spp.	移栽	灌木	食品加工	良好
24	药鼠李	*Rhamnus cathartica*	移栽	小乔木	育种、生态环境保护	良好
25	小花忍冬	*Lonicera micrantha*	移栽	小乔木	育种、生态环境保护	良好
26	小叶忍冬	*Lonicera microphylla*	原生种	小乔木	育种、生态环境保护	良好
27	忍冬	*Lonicera* sp.	原生种	小乔木	育种、生态环境保护	良好
28	枸子	*Cotoneaster* sp.	原生种	小乔木	育种、生态环境保护	良好
29	刺醋栗	*Grossularia acicularis*	实生苗	小乔木	育种、生态环境保护	良好
30	绿草莓	*Fragaria viridis*	原生种	草本	加工	良好
31	森林草莓	*Fragaria vesca*	原生种	草本	加工	良好
32	黑果小檗	*Berberis heteropoda*	原生种	灌木	加工	良好
33	天山茶藨	*Ribes meyeri* var. *meyeri*	移栽	小乔木	育种、生态环境保护	良好
34	伊贝母	*Fritillaria pallidiflora*	移栽	草本	花卉	良好
35	新疆贝母	*Fritillaria walujewii*	移栽	草本	花卉	良好
36	红花车轴草	*Trifolium pratense*	原生种	草本	花卉	良好
37	白花车轴草	*Trifolium repens*	原生种	草本	花卉	良好
38	药蜀葵	*Althaea officinalis*	原生种	草本	花卉	良好
39	伊犁郁金香	*Tulipa iliensis*	原生种	草本	花卉	良好
40	鸢尾	*Iris* spp.	原生种	草本	花卉	良好

（续）

编号	名称	学名	繁殖方式	性状	用途	生长情况
41	啤酒花	*Humulus lupulus*	原生种	草本	育种	不良
42	葱属	*Allium* spp.	原生种	草本	育种	良好
43	牛至	*Origanum vulgare*	原生种	草本	花卉	良好
44	石刁柏	*Asparagus officinalis*	原生种	草本	育种	不良
45	羊角芹	*Aegopodium podagraria*	原生种	草本	蔬菜	良好
46	黄花苜蓿	*Medicago falcata*	原生种	草本	牧草	良好
47	龙蒿（椒蒿）	*Artemisia dracunculus*	原生种	草本	蔬菜	良好
48	大麻	*Cannabis sativa* var. ·	原生种	草本	育种	良好
49	野胡萝卜	*Daucus carota*	原生种	草本	育种	良好
50	块根赤芍	*Paeonia hybrida*	原生种	草本	花卉	一般

1993 年，新源野生果树与农用植物种质资源圃的建圃等项基础设施基本完成后，开始收集和保存各种野生植物种。1995 年开始，从伊犁地区各县野果林区移入资源圃第二小区（即保存区）的野生果树与农用植物共计 71 种，其中野生果树植物 32 种，野生蔬菜植物 10 种，野生花卉植物 15 种，野生香料植物 4 种，中药材植物 3 种，豆科牧草植物 4 种，轻工原料 2 种，野生农用植物 1 种，为长远研究工作打下了基础。

7.7.2　物候观测

珍稀濒危植物是国家的宝贵财富，对进行保护具有其深远的意义，这些重要的种质资源一旦消失，带来的损失是无法弥补的。从 1996 年开始，笔者在伊犁地区园艺研究所所属的新源野生果树与药农用植物种质资源圃，对部分野生果树植物进行了物候观测（表 7 - 5）。

表 7 - 5　部分新疆野生果树及植物物候观测

（观测时间：1996～2000 年　　　　地点：新源资源圃）

名称	萌动	展叶	开花			成熟	繁殖方式	栽培地	生态适应性
			初花	盛花	末期				
新疆野苹果	4 月中旬	4 月下旬	5 月初	5 月上旬	5 月中旬	8 月中旬	实生苗	新源	强
野杏	4 月上旬	5 月初	4 月中旬	4 月下旬	4 月下旬	7 月下旬	实生苗	新源	强
野生樱桃李	4 月中旬	4 月下旬	4 月下旬	4 月底	5 月初	8 月下旬	实生苗	新源	强
欧洲李	4 月中旬	4 月中旬	5 月上旬	5 月上旬	5 月中旬	8 月下旬	移栽	新源	强
天山樱桃	4 月中旬	4 月下旬	5 月上旬	5 月上旬			移栽	新源	
红果山楂	4 月中旬	4 月中旬	5 月中旬	5 月下旬	5 月下旬	8 月中旬	原生	新源	强
准噶尔山楂	4 月中旬	4 月下旬					移栽	新源	较强
阿尔泰山楂	4 月中旬	4 月下旬					移栽	新源	弱
尖果沙枣	4 月中旬	4 月下旬					移栽	新源	弱

（续）

名称	萌动	展叶	开花			成熟	繁殖方式	栽培地	生态适应性
			初花	盛花	末期				
沙棘	4月中旬	4月下旬					移栽	新源	强
欧洲稠李	4月初	4月下旬					移栽	新源	强
天山花楸	4月中旬	4月下旬					移栽	新源	一般
枸杞	4月中旬	4月下旬					移栽	新源	强
树莓	4月中旬	4月下旬	5月底	6月上旬	6月中旬	7月中旬	移栽	新源	强
黑果悬钩子	4月中旬	4月下旬	5月底	6月上旬	6月中旬	7月中旬	移栽	新源	强
疏花蔷薇	4月中旬	4月下旬	6月初				移栽	新源	强
药鼠李	4月中旬	4月下旬					移栽	新源	强
小花忍冬	4月中旬	4月下旬	5月下旬	5月下旬			移栽	新源	强
枸子	4月上旬	4月中旬	6月初	6月上旬	6月中旬		实生苗	新源	强
刺醋栗	4月中旬	4月下旬	5月初	5月中旬	5月中旬		实生苗	新源	强
黑果小檗	4月中旬	4月下旬	5月中旬	5月中旬	5月中旬	8月中旬	原生种	新源	强
森林草莓	4月上旬	4月下旬	5月中旬	5月中旬	5月中旬	6月中旬	原生种	新源	强
绿草莓	4月上旬	4月中旬	5月中旬	5月中旬	5月中旬	6月中旬	原生种	新源	强
伊贝母	4月上旬	4月中旬					移栽	新源	强
新疆贝母	4月上旬	4月中旬	5月初				移栽	新源	强

7.8　野果林林下植物群落调查

　　从 1995 年开始，笔者分别赴伊犁地区所属的新源、巩留、特克斯、霍称、尼乐等县以及塔城地区的额敏、托里等县的山区野果林分布地，采集植物标本，调查植物种类和数量，近年来共采集植物标本近 2000 份，同时在新源野生果树与农用植物种质资源圃以及周边的野果林内选定和设立了永久样地和永久样方，部分调查结果见表 7 - 6，表 7 - 7，表 7 - 8，表 7 - 9。

　　笔者 1996 ~ 1998 年，分别在伊犁地区天山野果林分布区的新源野果林、巩留野核桃自然保护区、霍城大西沟等 3 个野果林分布区进行了林下植物群落样方对比调查，记录林下植物种类、生物量，调查封闭保护区域与非封闭保护下林下植物群落的生物量变化。在生态调查中，对林下植物群落组成和种类进行了调查，共调查 24 个样方（1m × 1m），调查结果初步整理说明，调查区域内野果林下约有草本植物 71 种以上。

　　通过调查发现，在较为相似的生境，种类及生物量差异较大，在封闭保护的条件下，野果林中春季草本植物的样方最大生物量为 880g/m^2。

　　春季（4 月）野果林林下植物生物量最高 8800 kg/hm^2，与非封闭保护样地相比植物种类较少，原因是非保护地常常受到人、畜干扰和影响所致。

表7-6　天山野果林林下植物群落样方和频度对比调查表

序号	种类	新源野果林														巩留野核桃沟									霍城大西沟
		No1	No2	No3	No4	No5	No6	No7	No8	No9	No10	No11	No12	No13	No14	No1	No2	No3	No4	No5	No6	No7	No8	No9	No1
1	苦苣菜 Songchus oleracens			+										+	+										+
2	唐松草 Thalictrum sp.		+											+	+							+			
3	牛至 Origanum vulgare			+			+	+	+				+		+				+	+		+	+		
4	新疆鼠尾草 Salvia deserta				+		+		+			+			+										
5	播娘蒿 Descurainia sophia						+								+										
6	大麻 Cannabis sativa			+								+	+	+	+				+	+			+		
7	茜草 Rubia sp.						+	+			+			+											
8	小果大戟 Euphorbia buchtormensis						+					+			+					+			+		
9	准噶尔大戟 Euphorbia buchtormensis														+										
10	伊犁郁金香 Tulipa iliensis	+					+								+										
11	宽叶金丝桃 Hypericum perforatum			+						+			+		+	+						+			+
12	椒蒿 Artemisia sp.								+	+					+										
13	千叶蓍 Achillea millefolium			+		+	+		+		+		+		+				+	+			+		+
14	卷耳 Cerastium sp.							+					+		+					+					+
15	大蓟 Cirsium sp.			+								+			+										
16	黄花苜蓿 Medicago falcata											+													
17	天蓝苜蓿 Medicago lupulina			+									+			+									+
18	艾蒿 Artemisia sp.	+		+					+	+		+	+		+	+			+ +	+ +			+	+ +	+
19	鹤虱 Lappul echinta Gilib.	+		+				+	+	+		+								+				+	
20	野胡萝卜 Daucu carota L.																						+		+
21	黄芪 Astragalus sp.	+														+									
22	二裂委陵菜 Potentilla bifurca	+		+					+					+					+	+			+		+
23	红花车轴草 Trifolium pratense					+																			+

（续）

序号	种　　类	新源野果林														巩留野核桃沟									霍城大西沟
		No 1	No 2	No 3	No 4	No 5	No 6	No 7	No 8	No 9	No 10	No 11	No 12	No 13	No 14	No 1	No 2	No 3	No 4	No 5	No 6	No 7	No 8	No 9	No 1
24	白花车轴草 *Trifolium repens*			+		+							+												
25	宽叶缬草 *Valeriana officinalis*		+											+								+			
26	糙苏 *Phlomis* sp.			+	+								+							+			+	+	
27	三洲荨麻 *Urtica dioica*	+				+		+	+	+	+														
28	毛牛蒡 *Arctium tomentosum*					+				+	+														
29	蝇子草 *Silene* sp.																	+							
30	羊角芹 *Aegopodium podegraria*	+	+		+			+											+		+	+		+	+
31	绿草莓 *Fragaroa viridis*			+				+	+	+											+	+			+
32	藿香 *Agastache rugosa*					+																			+
33	青兰 *Dracocephalum* sp.											+								+					+
34	药用大黄 *Rheum officinale*					+					+														
35	拉拉藤 *Galium sagaricum*				+	+											+			+		+			
36	顶冰花 *Gagea* sp.	+	+	+	+												+								
37	天仙子 *Hyoscyamus niger*												+				+								
38	堇菜 *Viola* sp.			+				+									+						+		+
39	灰藜 *Chenopodium album*								+					+											
40	苦豆子 *Sophora alopecuroides*											+													
41	鸢尾 *Iris* sp.	+																					+		
42	蒲公英 *Taraxacum* sp.					+		+			+						+		+						
43	老鹳草 *Geranium* sp.					+		+	+		+		+	+								+			
45	亚洲龙牙草 *Agrimonia asinatica*												+	+								+			
46	新疆元胡 *Corydalis glauscens*				+								+	+											
47	大果琉璃草 *Cynoglossum divaricatum*	+		+	+																				

（续）

序号	种　类	新源野果林														巩留野核桃沟									霍城大西沟
		No 1	No 2	No 3	No 4	No 5	No 6	No 7	No 8	No 9	No 10	No 11	No 12	No 13	No 14	No 1	No 2	No 3	No 4	No 5	No 6	No 7	No 8	No 9	No 1
48	益母草 Leonurus turkestanicus																								
49	水杨梅 Geum aleppicum				+	+		+					+					+							
50	猪殃殃 Galium aparine									+				+									+		
51	萹蓄 Polygonum aviculare													+											+
52	田旋花 Convolvulus arvensis			+		+																			+
53	车前 Plantago asiatica							+																	
54	雀麦 Bromus sp.	+														+									
55	新疆党参 Codonopsis clematidea																	+	+		+				
56	新疆白藓 Dictamnus angustifolius																		+						+
57	独尾草属 Eremurus																		+			+			
58	穿叶柴胡 Bupleurum aureum																	+							
59	天山卫矛 Euonymus semenovii																	+	+	+		+			
60	乌头 Aconitum sp.																	+	+	+	+				
61	景天属 Sedum sp.																					+			
62	水金凤 Impatiens parviflora	+	+		+			+									+	+	+					+	+
63	碎米荠 Cardamine sp.																				+			+	
64	葱 Allium sp.								+														+		
65	药用琉璃草 Cynoglossum officinale	+	+					+			+					+									
66	禾本科 4种 Gramineae	+	+	+	+	+	+	+	+	+	+	+	+		+		+	+	+		+	+			+
67	莎草科 1种 Cyperaceae	+		+	+	+			+	+		+	+		+				+	+					+
68	伞形科 1种 Umbelliferae																								+
69	菊科 1种 Compositae						+																		+
70	豆科 1种 Leguminosae					+	+	+																	
71	唇形科 1种 Labiatae						+																		+

表 7 - 7　新源野果林林下保护地与非保护植物种类及生物量调查

形式	样方号	生境状况	植物种类	鲜重（g/m²）	备注
封闭保护	1	阴坡，野果林下，郁闭度 0.6 ~ 0.8	11	300	
	2	阴坡，野果林间，平坦	17	880	
	3	阴坡，野果林缘	16	690	
非封闭保护	4	阴坡，野果林下，郁闭度 0.5 ~ 0.7	11	190	
	5	阴坡，野果林间，较平坦	9	208	
	6	阴坡，野果林缘	22	160	

注：时间为 1997 年 4 月；海拔为 1350m；地点为新源县交托海野果林；样地面积为 30hm²；样方大小为 1m × 1m

表 7 - 8　新源野果林林下植物群落不同季节的种类数量与生物量比较

时间	样方号	生境	植物种类	鲜重（g/m²）	干重（g/m²）	备注
4 月	1	阴坡，野果林下	11	190		
	2	阴坡，野果林缘	16	698		
	3	阴坡，野果林缘	22	160		
	4	阴坡，野果林下	11	300		
7 月	1	阴坡，野果林下	17	923	98	
	2	阴坡，野果林缘	15	890	425	
	3	阴坡，野果林缘	19	946	265	
	4	阴坡，野果林下	9	623	71	

注：时间为 1997 年 4、7 月；海拔为 1350m；地点为新源县交托海野果林；调查样地面积为 30hm²；样方大小为 1m × 1m

调查样地生境条件完全相同，只是调查时间不一，结果说明在不同季节样地植物种类变化幅度不大，但生物量的增加十分突出，春季草本植物的样方生物量为 190 ~ 698g/m²，最大生物量为 698g/m²，春季草本植物的生物量为 1900 ~ 6980 kg/m²，夏季草本植物的生物量为 623 ~ 946g/m²，最大生物量为 946g/m²；夏季草本植物的生物量为 6230 ~ 9460kg/hm²，不同生境下草本植物种类多寡不一，在阴坡、林下不仅种类少，而且生物量也小，以林缘样方的植物种类数量多，而且生物量大。此外，在夏季对样地的草本植物生物量进行了干、鲜比的测试，干/鲜值为 0.106 ~ 0.114，干/鲜值表现的差异说明，不同生境所分布的植物种类有所不同，林缘与林下的生境条件不一，多分布一些多年生宿根植物，如药用大黄 *Rheum officinale* 等。

表 7 - 9　天山新源野果林保护和非保护样地植物群落的种类组成、频度比较

种　类	春　季						夏　季			
	非封闭保护			封闭保护			非封闭保护		封闭保护	
	No. 1 林下	No. 2 林间	No. 3 林缘	No. 4 林下	No. 5 林间	No. 6 林缘	No. 7 林下	No. 8 林间	No. 9 林缘	No. 10 林间
苦苣菜 *Songchus oleracens*			+					+		
唐松草 *Thalictrum* sp.				+						

（续）

种　类	春　季						夏　季			
	非封闭保护			封闭保护			非封闭保护		封闭保护	
	No. 1 林下	No. 2 林间	No. 3 林缘	No. 4 林下	No. 5 林间	No. 6 林缘	No. 7 林下	No. 8 林间	No. 9 林缘	No. 10 林间
牛至 Origanum vulgare			+			+	+	+		
新疆鼠尾草 Salvia deserta						+				
播娘蒿 Descurainia sophia						+				
大麻 Cannabis sativa			+				+	+		
茜草 Rubia sp.						+				+
小果大戟 Euphorbia buchtormensis						+				
准噶尔大戟 Euphorbia buchtormensis								+		
伊犁郁金香 Tulipa iliensis	+	+				+				
宽叶金丝桃 Hypericum perforatum			+							
椒蒿 Artemisia sp.										
千叶蓍 Achillea millefolium			+		+	+		+		+
卷耳 Cerastium sp.							+	+		
大蓟 Cirsium sp.			+							
黄花苜蓿 Medicago falcata			+							
天蓝苜蓿 Medicago luputina			+					+	+	+
艾蒿 Artemisia sp.			+				+	+		
鹤虱 Lappul echinta			+							
野胡萝卜 Daucu carota				+						
二裂委陵菜 Potentilla bifurca			+		+					
红花车轴草 Trifolium pratense			+	+			+	+	+	
白花车轴草 Trifolium repens	+	+			+		+		+	+
糙苏 Phlomis sp.			+		+					+
三洲荨麻 Urtica dioica	+	+		+			+			
毛牛蒡 Arctium tomentosum			+				+	+	+	
羊角芹 Aegopodium podagraria					+					+
绿草莓 Fragaroa viridis					+					+
藿香 Agastache rugosa					+					
青兰 Dracocephalum sp.	+	+	+	+						
药用大黄 Rheum officinale										
拉拉藤 Galium sagaricum										
顶冰花 Gagea sp.										
堇菜 Viola sp.			+				+			
灰藜 Chenopodium album							+	+		

（续）

种　类	春　季						夏　季			
	非封闭保护			封闭保护			非封闭保护		封闭保护	
	No. 1 林下	No. 2 林间	No. 3 林缘	No. 4 林下	No. 5 林间	No. 6 林缘	No. 7 林下	No. 8 林间	No. 9 林缘	No. 10 林间
苦豆子 *Sophora alopecuroides*						+				
蒲公英 *Taraxacum sp.*					+		+			+
老鹳草 *Geranium sp.*					+		+	+		+
亚洲龙牙草 *Agrimonia asinatica*				+			+			
新疆元胡 *Corydalis glaucescens*				+						
大果琉璃草 *Cynoglossum divaricatum*				+						
益母草 *Leonurus turkestanicus*					+					
水杨梅 *Geum aleppicum*				+	+		+		+	
猪殃殃 *Galiu aparine*										
萹蓄 *Polygonum aviculare*					+					
田旋花 *Convolvulus arvensis*			+				+			
车前 *Plantago asiatica*	+	+		+			+		+	
水金凤 *Impatiens parviflora*	+	+					+			+
药用琉璃草 *Cynoglossum officinale*						+				
鸢尾 *Iris sp.*	+									
禾本科 3 种 *Gramineae*	+	+	+	+	+	+	+	+	+	+
莎草科 1 种 *Cyperaceae*			+	+	+		+		+	
菊科 1 种 *Compositae*						+				
豆科 1 种 *Leguminosae*					+	+	+			
唇形科 1 种 *Labiatae*										
小　计	8	7	19	10	16	14	19	14	7	11

　　新源野果林植物群落春季与夏季的种类组成、频度比较调查工作，选择调查地点为新源县交托海野果林，海拔 1250～1500m，样地面积 30hm²，样方尺寸 1m×1m，调查时间为 1997 年春季（5 月）和夏季（7 月）。以新疆伊犁新源交托海野果林林下草地为研究对象，调查封闭保护样地和非封闭保护样地（放牧地）进行对照，分析二者植物群落数量特征和地上生物量变化，为退化草地植被恢复提供理论依据。根据初步调查结果统计，新源野果林下植物群落草本植物种类有 55 种，以旱中生植物为主，林间分布种类与林下有差异，封闭保护样地和非封闭保护样地的植物组成差异不大，有一定季节性种类变动，由于放牧等人为活动等干扰因素，非封闭保护样地的盖度、郁闭度和生物量远远小于封闭保护样地。

第 8 章

新疆野生果树资源的特点、濒危的原因及保护

新疆幅员辽阔，自然条件复杂，与国内各省区相比，新疆植物资源形成的条件比较优越，具有得天独厚的气候，新疆深居欧亚大陆腹地，远离海洋，加之周边高山阻挡湿气流的屏障作用，完全被具有极强大陆度和干燥度的内陆干旱气候所笼罩。境内"三山夹二盆"的地表结构格局，更进一步强化了原本十分干旱的气候形势，造就了丰富而独特的植物资源，是新疆资源的一大优势，在我国实施西部大开发战略之际，加强和重视对植物资源的保护和永续利用将是一个重要的任务。

8.1 新疆植物资源的评价

植物资源是一类能够直接利用太阳能，其分布具有一定的生态地理区域，依赖环境生存和种群特性可以遗传的再生性自然资源。它与其他资源有共性，也有不同之处，现对新疆植物资源进行简要评价。

新疆植物资源不仅类别多样，种类数量也很丰富。现知，新疆药用植物有 2014 种，其中野生者 1451 种，农药植物 120 种以上。目前已被收购的中草药种类即有 125 种之多。食用植物中，野生果树资源种类有 103 种，大型食用真菌 200 余种，维生素植物 50 种以上，油料植物近百种，蜜源植物更多达 500 余种。具有观赏价值和绿化环境的植物资源中，防护林树种 80 种以上，固沙植物多于百种，观赏植物超过 300 种，仅野生花卉即有 180 种之多。天然野生牧草有 2930 种，其中数量大、质量高的种类占 13.04%，计 382 种。新疆木本植物共 352 种，仅野生乔木建群种即有 27 种，构成灌丛的建群植物有 21 属之多。种质植物资源中，野生谷类作物的近缘种有 87 种，野生果树近缘种近 70 种。另外，还有适应极端环境的耐盐、抗旱和抗紫外线的种质资源也均达百种左右。

8.2 新疆植物资源和生态环境的保护及管理

新疆是一个多民族聚集和多种文化交汇的地区，植物资源开发利用不能违背可持续发展的思想和原则，要坚持生态伦理道德观，人们的行为和决策准则，不能削弱或剥夺后代子孙对自然界资源分享的权利。长期以来广大人民利用当地的药用植物与疾病作斗争，积累了宝贵的经验，有待于对药用植物传统利用经验的调查、总结与升华，利用现代科学技

术与当地的资源，生产具有特色的产品。

许多私自（包括企业）采收麻黄、阿魏、贝母、甘草、肉苁蓉等的行为和现象十分严重，甚至达到了杀鸡取蛋或竭泽而渔的地步，必须杜绝和制裁这种破坏植物资源和生态环境的野蛮行为，同时，必须进行有效的保护和研究，保护的目的最终是为了更好地利用植物资源。在可持续利用原则的指导下，实现资源利用与环境保护的协调和统一，经济效益、生态效益、社会效益的协调和统一。

生物资源的保护、研究和利用是人类永恒的事业，国家及地方有关部门应给予足够重视，应加大研究和保护的投资力度，培养专门人才和支持植物资源研究课题立项。

8.3　新疆果树植物多样性的特点

新疆物种丰富，植物种类达 4000 多种，其中药用、食用、工业用以及少数民族使用的植物种类很多，并且大多数种类品质优良。对资源植物的种类、分布、用途、保护等做了详细的工作，对其中用途较广、储量较大的种类的生物学特性、引种驯化、成分分析、有效物质提取方法等方面都进行了探索研究，并且发现新疆范围内的大多数资源植物中有效成分含量均高于内地同种植物，也就是说这些植物的开发利用更有实际的意义，但是它们的应用尚处于原料和半成品供给的初级阶段，更深层次的综合利用需要进一步研究。

（1）新疆园艺生产及果品的独特地位　新疆是著名的"瓜果之乡"，具有突出的地域、环境和气候等特色。但是从全国及世界水果产业发展的现状和趋势来看，还有待于正确认识新疆瓜果园艺产业的优势和地位。

新疆蕴藏着非常丰富的生物多样性资源，是发展高效、优质、特产瓜果园艺产业难得的野生和农家品种的基因库。新疆有野苹果、野核桃、野杏、野扁桃，是重要的果树植物物种基因库。同时当地群众经过千百年的辛勤选育，培育了许多优质品种，如杏子的品种达 250 个，是世界杏子的资源中心。再如香梨、哈密瓜、葡萄、红枣、石榴、无花果、巴旦木等品种多达千种。

科学家发现葡萄核有效成分中含有的花青素，比维生素 E 的抗氧化性高 1 万倍，具有很强的保健功能，用现代科学证明了维吾尔医学认为的葡萄籽有较高滋补保健作用的科学性。最近还发现葡萄皮中含有抗癌物质——白藜芦醇，这就使得葡萄干身价倍增。新疆年产各种葡萄干已达 10 万吨，产值 10 亿元左右。

（2）瓜果园艺产业将成为新疆新的经济增长点　在 1998 年在新疆林业工作会议上，自治区党委和人民政府提出，要重点建设"六大优质林果基地"：以吐鲁番地区和克孜勒苏柯尔克孜自治区为主，建设优质葡萄生产加工基地；以巴音郭楞蒙古自治州和阿克苏地区为主，建设优质香梨出口创汇生产基地；以喀什、阿克苏等地区为主，建凤薄皮核桃、巴旦姆生产加工基地；以伊犁、昌吉等北疆逆温带开发为主，建设优质苹果生产基地；以博尔塔拉蒙古自治州为主，建设优质枸杞生产加工生产基地。其他各地也要从贸易条件出发，发展特色林果产品。把优质林果品的规模生产和精深加工结合起来。同时积极开拓市场，提高市场占有率，形成市场牵龙头、龙头带基地、基地连农户的格局，使自治区的特色林果产业的资源优势转化为经济优势。实施瓜果园艺产业化，至少有两个方面的积极连带效应：一方面，随着瓜果园艺出疆产量的增加，对新疆食品、机械、包装和商业、贸易行业产生派生需求，有利于这些行业扩大就业和市场规模。另一方面，产品进入国内和国际市场，面临新的市场竞争，会通过知识扩散和学习效应，对新疆城乡企业家人才成长、农业新技术推广、加工工艺改进、管理素质提高产生积极影响。由于贸工商一体化经营，在区内生产附加值比例较高，而其他常规产品的中间产品较大程度依赖别的企业（本地、外地和进口），所以农业产业化过程中，知识扩散和收入增长的连带效应更加显著。另一方面新疆还分布有国内其他地区没有的植物种类，而当地少数民族已经使用，或者周边国家已大量应用的植物种类，它们的利用也是新的研究内容。

8.4　新疆野生果树植物区系和地理分布的特点

生物多样性的保护与可持续利用研究已成为当今人类环境与发展领域的中心议题之一。新疆野生果树以其独特和重要性在我国生物多样性中占有特殊的地位。

本书在查阅和掌握大量国内外有关文献的基础上，以中国生物多样性关键地区——伊犁地区野生果树和果树林为重点研究对象，采用生物多样性以及保护生物学的理论和方法，从物种、生态系统和遗传 3 个层次较系统地研究并初步揭示了新疆野生果树资源的生物多样性特点。

对新疆野生果树种类组成的系统研究表明，新疆地区共分布有野生果树 104 种（含 1 变种和 1 亚种），在组成的 11 个科中，蔷薇科、忍冬科、虎耳草科以及小檗科是主要的科，其中又以蔷薇科野生果树种类最多。以属为单位的区系地理成分分析表明，新疆野生果树的属绝大部分为北温带地理成分，仅悬钩子属和鼠李属为世界广布属。虽然由于资料有限，没有详细地分析新疆野生果树种的地理成分，很明显，若以种为单位进行区系地理成分分析，新疆境内的野生果树中，新疆特有种、中亚分布和地中海区、西亚和中亚分布将占有较大的比例。以种为单位进行地理成分分析，将对野生果树的引种驯化和栽培具有理论指导价值。

新疆野生果树种类独特，在新疆的 104 种野生果树中，除了石生悬钩子、树莓、库页岛悬钩子、沙棘、黑果越橘、红果越橘、北极果等少数种类在我国其他省区也有分布外，绝大多数种类仅见于新疆。这充分说明了新疆野生果树在我国果树资源研究中的重要性和新疆野生果树生物多样性在我国占有十分独特的地位。对 104 种野生果树的生活型分析表明，落叶乔木、灌木和半灌木是主要的成分。

新疆野生果树的分布格局与新疆的地理气候等生态环境因子密切相关，呈现北疆多于南疆，西部比较丰富，山地多于平原的特点。从统计来看，分布在塔里木盆地的野生果树种类稍多于准噶尔盆地。就东西方向分布特点而论，无论是北疆还是南疆，野生果树多样性均表现为西部比较丰富，而东部比较贫乏，其原因主要是西部降水明显多于东部。

8.5　新疆野果林多样性的特点

新疆野生果树林类型相对比较单一，主要分成 5 个植被亚型，即落叶针叶林，落叶阔叶林，落叶阔叶灌丛、荒漠落叶灌丛和荒漠阔叶小灌丛和半灌丛。不同的植被亚型在新疆分布并不均匀。调查发现，新疆伊犁地区—塔城地区是我国落叶阔叶野果林分布集中、面积最大、富有代表性的地区，但是，果树林在该地区呈不连续分布。

上述 5 种主要果树林又分成多个次一级的林型，它们中的大多数在我国仅分布于新疆境内，例如针叶林中的西伯利亚红松林，阔叶林中的新疆野苹果林、野杏林、野核桃林、野生樱桃李林等，灌丛中的野扁桃落叶灌丛等。因此，新疆的野果林在我国的果树科学研究、西部地区生态环境保护、荒漠植被恢复、果树种质资源利用等方面都具有不可替代的重要地位。

同其他森林植被一样，野果林在改善生态环境方面具有重要的作用。连续两年的气象观测表明，新源交托海野果林分布区降水量与新源县气象站（位于县城，海拔 890m）同期相比，均大于后者，除个别月份之外，多数月份的降水量前者较后者多达 20% ~ 45%。

昆虫是生态系统中极其重要的组成部分。本文仅对伊犁地区新源县交托海野果林范围内的昆虫进行了标本采集和初步鉴定，同时对新疆野生果树的病害进行了初步调查，发现了危害严重的病虫害有 8 种。这方面的工作尚需进一步深入。

8.6　新疆野苹果的遗传多样性

对新疆野果树中重要的珍稀濒危树种——新疆野苹果进行了花粉、果实、叶片、等位酶等多样性实验分析和聚类分析表明，叶片性状受到生态环境的影响，而花粉、果实以及过氧化物酶分析显示出新疆野苹果丰富的种下变异，这种变异与居群所在的环境条件并没有明显的对应性，具有丰富的遗传基础。

变异是植物进化的源泉，遗传性变异和生态变异均具有其进化学意义。尽管由于地理条件和经费等方面的限制，在分析野苹果的遗传多样性上所采集的性状有限，但初步的研究结果也明显反映了新疆野苹果具有丰富的遗传多样性。在将来的研究中，将注意尽量多的收集多方面的性状，通过等位酶酶谱、形态解剖特征和生态地理数据的测定分析，深入地探讨新疆野苹果遗传多样性的特点，形态解剖性状变异的遗传学基础和生态适应意义。

8.7　新疆野生果树资源的价值和现状

天山自然资源丰富，是新疆人民世世代代赖以生存和发展的天然宝库，野果林生态系统是其重要的组成部分，也是我国干旱区面积最大、生物种类组成最丰富的珍稀残遗阔叶林生态系统。它不仅在我国农林牧业的发展史中发挥了重要作用，而且更是今后可持续发展的生物资源基因库。

8.7.1　科学价值

新疆西部的伊犁地区是我国重要的果树起源地和分布中心之一，被列为中国生物多样性关键地区。新疆野生果树具有较高的生物多样性水平，在长期的进化过程中形成了丰富多彩的居群多态性和遗传基础。新疆天山野果林是我国特殊的阔叶林森林生态系统类型之一。新疆野苹果、野扁桃、野杏、新疆野核桃、野生樱桃李、野生欧洲李在我国仅分布于新疆伊犁天山山区及塔城等地，其中新疆野苹果、野扁桃、野杏、新疆野核桃已被列为中国优先保护物种名录和国家具有生物多样性国际意义的优先保护物种及中国濒危二级重点保护植物。新疆野生果树及其所形成的天山野果林生态系统，不仅可为野生果树生物多样性研究提供良好对象和场所，同时对研究天山野果林的起源、演化和发展均具有十分重要的科学价值。

8.7.2　生态和经济价值

野生果树在新疆分布广泛，对于稳定和维持新疆农业生态系统的平衡和发展具有十分重要的意义。新疆天山野果林是我国面积最大的原始野果林、野生生物资源丰富的特殊自然资源分布区，具有分布面积广、生物种类繁多、代表性强等特色。天山野果林作为山地垂直带结构的一个重要组成部分，具有景观、资源、旅游、水土保持、保护绿洲和牧场的重要意义。野果林区内，分布有大量的耐虫、耐病、耐旱、抗寒性强等优良性状的野生植物种类，有待于进一步研究和开发利用。

8.7.3　新疆野生果树开发与利用状况

自古以来，人们就开始将野生物种变为人工驯养和加以培育，野生果树自然是首选对象之一。在我国民间早就有"变野果为家养"的经验和习惯。新中国成立后，曾先后开展过两次"变野果为家养"的群众性运动。由于没有科学指导，造成野果林被毁，建成的"野果园"经济效益极差。对野生果树生物多样性的科学意义、生态与经济价值认识不足而引起的无计划开垦、樵采、不合理的利用和随意砍伐，是造成野生果树生物多样性丧失和破坏而导致濒危的原因。

1958 年春季，新疆八一农学院组织支边青年，在新源县交托海野果林建立了新源野果林改良场，进行农业开发工作，对交托海野果林进行了较大规模的嫁接、改造活动，虽然在 70 年代初期曾取得了部分经济效益，但最终以失败而告终。在"向野果林进军、向野果林要效益"等思潮的影响下，1958 年，向新源县交托海野果林一带大量移民，无计划垦荒伐木。当时的新源野果林改良场以野苹果为砧木，嫁接黄元帅、红元帅、秋里蒙、国光、倭锦、斯托洛维、青香蕉等品种，嫁接利用野苹果树 13 万余株，面积约 400hm^2。1964 年冬季开始，以栽培果园的模式进行野果林的改造，被改造范围内的其他野生果树均遭砍伐，当地人利用被砍伐的野果树除作薪柴外，还制作家具、农具、面板等器具。改造后的"野果园"于 1971 年开始结果，形成了一定的产量。但到 1975 年左右，逐渐暴露出品种退化、高接病严重、结果少和产量低等问题。由于产量下降，再加上平原栽培果园的不断发展，自 1982 年起，新源县野果林改良场对山上的野果林果园放弃管理，逐渐成为当地农牧民的牧场和农作区。对新疆野苹果资源的不科学经营活动，严重地影响了野苹果林的生物多样性。据社会调查，20 世纪 60 年代野果林中野生动植物资源十分丰富，天山野果林内马鹿、野黄羊、野猪、狐狸等大、中型动物常成群出没，而现在，这些动物早已销声匿迹。

野苹果实生苗具有抗逆性强的特点，自 20 世纪 50 年代开始，我国其他苹果产区均利用新疆野苹果做苹果砧木进行育苗等生产活动，新疆野苹果种质资源在我国的苹果生产中发挥了重要的作用。

野果资源的加工利用也受到了重视，主要以野苹果、樱桃李果为原料，生产果汁、凉制果干，或制作成果酱、果丹皮、果酒等。

8.7.4　开发利用中存在的问题

新疆野生果树林内生物资源丰富，仅分布在伊犁野果林区的维管束植物就有 406 余种。此外还分布有苔藓、地衣和大型真菌及其他微生物资源。但野生果树利用率很低，如新疆天山野果林未能较好的保护、开发和利用，目前仅以牧场的形式和自然林状态发挥作用。

在野生果树资源归属不清，又缺乏有效的保护制度和法规的情况下，一些市场需求量大、经济价值高的野生果树，如野生樱桃李的"抢收"、"抢青"现象十分严重，造成树木被毁、资源浪费严重，致使产量、质量下降，乃至生态效益和经济效益遭受巨大的损失。

在农业生产发展、土地开发和利用过程中，垦殖开发初期毁林开荒现象严重，致使大面积野果林被破坏；人类通过修路和城市开发逐渐侵占野生基因资源的栖息地。为向野果林要效益，使许多伴生树种被毁。当实行草场承包制之后，部分牧民为了扩大草场面积，砍伐果树，增加和扩大放牧面积。多年来，诸如此类的农业、林业、牧业之间争地，致使大范围内野果林面积急剧缩减。据 1959 年的调查，伊犁野果林面积为 10 000hm²，随着山区农牧业生产的发展以及人类活动的影响，目前尚保存的约有 70%～80%，其分布下限的海拔高度已上升了 50～100m。

当前，天山野果林是当地农牧民所利用的天然立体牧场，由于单位面积草场载畜量过大，过度放牧，引起山坡坍塌、草场退化的现象普遍存在，且局部地区野果林出现干旱、草原退化迹象。例如霍城县大西沟野果林下及周围植被覆盖率下降，乃至土层裸露；在托里老风口野果林和额敏野果林内这种情况也十分明显，从而造成水土流失，山体滑坡等现象相当严重。由于饲草受限制，放牧是主要形式，因此，家畜啃食果树的幼苗，使野果林的繁衍和更新严重受阻，在重要种质资源的分布区域应减少和防止家畜放牧是保证珍稀濒危野生果树的正常更新和繁衍的有效途径之一。

天山野果林多分布于海拔 1000～2000m 的前山坡地和低山丘陵，坡度陡、高差大、土层较薄、生境差异较大。近几十年来，由于农牧民的居民点、耕地和人类其他经济活动不断向野果林逼近，明显造成野果林生态系统的自我调节和自我修复能力降低，对外界因素的变化反应很敏感，影响生态系统的稳定性。人类对自然资源不合理和不科学的开发利用，不仅会引起生态系统的衰退和演变，导致生态平衡失调，甚至会发生彻底崩溃。如过度放牧、毁林开荒等对生态系统均会产生强烈的影响和破坏。

8.8　关于建立新疆新源、霍城野果林自然保护区的建议

随着山区经济的建设、农牧业生产的发展以及其他人为活动的影响，野果林资源以及自然生态环境遭到了很大的破坏和面积缩减，切实开展新疆天山野果林资源保护以及建立自然保护区是当前急需解决的重要问题。

1980 建立了塔城巴旦杏自然保护区，保护面积 1500hm²，1983 年又建立了巩留县野核桃自然保护区，保护面积 1180hm²，保护对象为野核桃及其生境。但是，上述两个保护区，所保护的对象、面积、生境有限，另一方面，还应该加强保护区的日常管理，使保护工作真正起到保护野生植物资源的目的。

为此我们积极向有关部门呼吁，应及早建立新疆珍稀野生果树——霍城大西沟野生樱桃李自然保护区、新源野果林自然保护区和新疆野苹果古树保护区，并且立即采取有效措施切实保护珍稀濒危野生生物和它们所依赖的生存条件和生态环境，这是一项为民造福而且利于千秋万代的重要工程。

多年来由于过度放牧、旅游和掠夺式的采摘等人类经济活动的影响，野生樱桃李的生境极度恶化，分布面积和数量剧减。为保护这一珍贵的种质资源，笔者提出应该加快设立

霍城大西沟、小西沟野生樱桃李自然保护区。

在 50 年代末，伊犁新源野苹果林面积近 700hm²，但根据目前的野外调查发现，该地区的野苹果已减少到 500hm² 左右，由于近 40 年对该地野苹果资源的不合理开发利用、过度的放牧等，使野苹果林的生态环境受到严重破坏，野苹果林的分布海拔在上升。尽管如此，新源野苹果林仍然是新疆面积最大、分布最为集中的野苹果林之一。与其他地区相比，新源地区的生态地理条件均比较优越。为建立新源野苹果林自然保护区，笔者已做了大量的前期工作。

多年来，对于伊犁地区的野果林资源保护和利用等方面，笔者与伊犁地区园艺研究所开展了长期的合作研究，并与日本静冈大学建立了合作关系，开展"伊犁野果林野生果树与农用植物种质资源"研究的国际合作项目，于 1993 年在新疆落叶阔叶野果林集中分布的新源交托海野果林建立了"伊犁野果林野生果树与农用植物种质资源圃"，面积为 23hm²。经过努力，在当地政府和有关部门的支持下，1997 年"资源圃"面积已扩大到 100hm²，为开展野果林资源保护和研究提供了重要的研究场所和基地，也为今后进一步开展生态环境保护和可持续利用奠定了基础。由于新源的野苹果林面积大，保存相对完好，且"资源圃"已初具规模，在此基础上，应该尽早建立新源野苹果林自然保护区。

8.9　关于新疆野生果树资源保护的建议与对策

（1）加强新疆野生果树种质资源的收集、保存　加强野生生物种质资源的收集、保存。保护现有物种（特别是珍稀物种、害虫的天敌等）和各类生态系统，保护植物野生近缘种的遗传资源，是自然保护和农业持续发展的一项重要任务。

（2）进一步加强新疆野生果树种质资源调查与评价工作　将综合调查与单科单属单种的专项调查相结合，尽快弄清重要种质的分布、数量和开发潜力。开展主要树种抗性、经济栽培和加工性状的系统评价以及丰产栽培和深加工工艺等实用技术研究，以便高点起步，有的放矢的科学利用。

（3）采用多种方式，减轻人畜对野果林的破坏　利用先进的饲料加工技术，使农作物副产品转化为多元化、商品化的饲料，并且应科学利用草场，采取半放牧、半圈养的方式，或采取轮牧方式，减缓对牧区草场的压力，减轻对野生果树资源的破坏和影响。

（4）加强公众对野生植物资源保护意识　保护天山野果林生态系统、保护野果林动物和植物资源，进一步开展自然保护、生态环境及其与人类相互关系的宣传和研究，将对未来农业可持续发展具有深远的意义。

（5）政府应该在野生植物资源保护中发挥更大作用　几十年来的经验教训表明，政府部门应该科学合理地开展野生植物资源的保护、开发利用工作。对野生植物资源，特别是新疆野苹果、野生樱桃李等国家重要的野生植物资源利用，应严格纳入到政府的管理范围之中。

植物是人类生活环境最基本的组成材料和赖以生存的物质基础。它不仅可为人类源源不断地奉献生活必需品，还能够为工业生产提供多种多样的原料；它是一个宝贵的基因库，也是农业生产和园艺业培育优质、高产新品种的种质资源库。

第9章

哈萨克斯坦的野生果树

根据哈萨克斯坦学者江格也夫 D. Djangallev. 的《哈萨克斯坦的野苹果》（The Wild Apple Tree of Kazakhstan）进行编译和整理后，将哈萨克斯坦山区野生果树的部分研究内容进行简要介绍。

9.1　哈萨克斯坦山区森林及野果林的概况

哈萨克斯坦的塔尔巴盖台、准噶尔、外伊犁、塔拉斯、吉尔吉斯阿拉套和卡拉套中部一带的山区分布有多种野生果树的乔木和灌木，从而形成哈萨克斯坦东南部山区主要野果林植物群落。在上述区域内，因地质条件、山体构造和自然条件的差异，野果林的结构与乔木、灌木种类等均呈现出不同群落的特点。

根据表 9 – 1 哈萨克斯坦山区森林资源总面积（包括野生苹果林）为 154.1179 万 hm²，其中：森林面积（包括灌木林）为 71.44 万 hm²，其中：森林覆盖面积为 50.87 万 hm²，占 33%，未覆盖面积 20.57 万 hm²，占 13.4%（其中林地 9500 公顷，烧毁的林地 500hm²，林间空地 3.4%）；非林土地 82.67 万 hm²，占 53.6%，其中农业用地 44.29 万 hm²，占 28.7%；其它专业用地占 0.6%；尚未利用的土地 37.53 万 hm²，占 24.30%；陡坡和沟壑为 22.94 万 hm²，占 14.8%；岩石和冰川为 5.5 万 hm²，占 3.6%；碎石、流沙和悬崖为 5.5 万 hm²，占 3.6%；其它占地 3.59 万 hm²，占 2.3%。

表 9 – 1　哈萨克斯坦山区森林面积统计

类别	面积（万 hm²）	所占比例（%）	备注
1. 植被覆盖总面积	154.1179	75.7	
1.1　林地面积	71.44	46.4	包括灌木林
1.1.1　森林覆盖面积	50.87	(33)	
1.1.2　未覆盖面积	20.57	(13.4)	
1.2　非林土地	82.67	53.6	
1.2.1　农业耕地	44.29	28.7	
1.2.2　其他专业用地		0.6	
2. 尚未利用的土地	37.53	24.3	
2.1　陡坡和沟壑	22.94	14.8	

（续）

类别	面积（万 hm²）	所占比例（%）	备注
2.2　岩石和冰川	5.5	3.6	
2.3　碎石、流沙和悬崖	5.5	3.6	
2.4 其他占地	3.59	2.3	

各山区林场范围内森林覆盖面积（包括野生苹果林）为 14.39 万 hm²，占森林资源总面积的 20.1%，其中针叶林面积为 8.3 万 hm²，阔叶林 6.09 万 hm²，灌木林（主要是蔷薇、忍冬、穗醋栗、小檗等）14.6 万 hm²，占森林覆盖面积的 46.3%。

在针叶林中野果林所占比例很小，在外伊犁山区的天山云杉林分布下限分布有较少的塞威氏苹果，在准噶尔阿拉套分布有冷杉林，在卡拉套极少见到山楂属、梨属植物和扁桃 *Amygdalus spinosissima*，在低海拔的山区分布有刺柏，并且出现野苹果混交林。哈萨克斯坦林场野苹果林覆盖面积为 1.2 万 hm²，占天然野果林面积的 71.6%，在各山区分布图中，野果林所占比例分别为：塔尔巴盖台 2%，准噶尔阿拉套 48.3%，外伊犁阿拉套 25.4%，卡拉套 12.1%，塔拉斯阿拉套 11.7%（表 9-2）。

表 9-2　山区林场各树种覆盖面积分布情况表

树种	塔尔巴盖台		准噶尔阿拉套		外伊犁阿拉套		卡拉套		塔拉斯阿拉套		合　计	
	hm²	%	hm²	%	hm²	%	hm²	%	hm²	%	hm²	%
云杉	—	—	39367	25.3	30022	46.9	—	—	—	—	69389	21.9
松树	—	—	202	0.1	656	1.0	—	—	—	—	858	0.3
冷杉	—	—	7545	4.9	—	—	—	—	—	—	7545	2.4
刺柏	—	—	—	—	—	—	1850	7.2	3370	19.1	5220	1.7
白蜡	—	—	—	—	—	6	502	2.0	—	—	508	0.2
槭树	—	—	32	—	15	—	1127	4.4	247	1.4	1421	0.5
刺槐	—	—	—	—	—	—	2	—	—	—	2	—
榆树	—	—	380	0.2	102	0.2	113	0.4	4	—	599	0.2
桦树	8980	16.6	11762	7.6	673	1.0	142	0.6	114	0.6	21671	6.8
山杨	4102	7.6	8635	5.6	2784	4.4	3	—	—	—	15524	4.9
赤杨	—	—	—	—	1	—	—	—	—	—	1	—
杨树	401	0.7	1855	1.2	38	—	21	0.1	—	—	2315	0.7
樱桃	—	—	—	—	—	—	181	0.7	50	0.3	231	0.1
胡颓子	—	—	623	0.4	52	0.1	—	—	—	—	675	0.2
柳树	—	—	27	—	64	0.1	153	0.6	48	0.3	292	0.1
野苹果	257	0.5	5891	3.8	3064	4.8	1452	5.6	1419	8.0	12083	3.8
山楂	73	0.1	20	—	40	—	669	2.6	842	7.6	1644	0.5
壳树	—	—	86	—	609	1.0	790	3.0	190	1.1	1675	0.5
梨树	—	—	—	—	—	—	8	—	—	—	8	—
樱桃李	—	—	—	—	3	—	—	—	23	0.1	26	—

（续）

树种	塔尔巴盖台		准噶尔阿拉套		外伊犁阿拉套		卡拉套		塔拉斯阿拉套		合计	
	hm²	%	hm²	%	hm²	%	hm²	%	hm²	%	hm²	%
花楸	–	–	–	–	2	–	42	0.2	–	–	44	–
胡桃	–	–	–	–	9	–	1	–	42	0.3	52	–
扁桃	191	0.3	–	–	–	–	22	0.1	–	–	213	0.1
稠李	115	0.2	–	–	–	–	–	–	–	–	115	–
甜樱桃	–	–	–	–	–	–	1	–	–	–	1	–
朴树	–	–	–	–	–	–	554	2.2	110	0.6	664	0.2
黄连木	–	–	–	–	–	–	19	0.1	58	0.3	77	–
葡萄	–	–	–	–	–	–	2	–	–	–	2	–
其他树种	–	–	–	–	57	0.1	190	0.8	834	4.7	1081	0.3
河柳	21926	40.5	3509	2.3	339	0.5	61	0.2	769	4.4	26604	8.4
灌木	18151	33.5	75680	48.6	25453	39.8	17751	0.2	9564	54.1	146599	46.3
合计	54196	100	155614	100	63990	100	25656	100	17684	100	317140	100

根据地形和地貌特点分析，哈萨克斯坦东南部是由巨大的山地隆起和宽阔盆地交替组成，斋桑盆地将阿尔泰山、塔尔巴盖台、萨乌尔山系隔开；巴尔哈代—巴拉库尔盆地则把塔尔巴盖台、准噶尔阿拉套与北部天山隔开，北部天山一直延伸到卡拉套山脉以西的荒漠平原。塔尔巴盖台、准噶尔阿拉套、外伊犁阿拉套、塔拉斯和吉尔吉斯以及卡拉套——这些都是哈萨克斯坦野苹果的主要分布区。

塔尔巴盖台山脉位于北纬 46°~48° 和东经 80°~84° 之间，主体山脉长 250km，平均海拔高度 2000~2100m，没有冰川和永久性积雪，但在有些峡谷有终年积雪，山脉凸起部分的层状结构十分明显，顶部表面比较平坦，或有轻度切割段，山体中部由地形呈南北扩展，山体南麓的斜坡地是哈萨克斯坦野苹果分布的北端。

准噶尔阿拉套位于北纬 44°~46° 和东经 78°~82° 之间，地形非常复杂，山脉长约 440km，由若干阶梯状的山体组成，山体间分布有许多山间盆地和洼地，有些支脉一直延伸到巴尔喀什—阿拉库里盆地。准噶尔阿拉套地形和地理结构和北天山南部山脉相似，阿克苏河把准噶尔阿拉套分为两部分，南部为陡坡，北部为阶梯状的坡地。准噶尔阿拉套中部山区的北面坡地是野苹果的生长地，形成有大面积的野苹果林。

外伊犁阿拉套是天山山系最北面的山脉。伊犁盆地把它和准噶尔阿拉套隔断，齐里克和开明河河谷则把东面的昆格尔阿拉套隔开了。山体长度为 280km，北坡最宽处达到 30~40km，野生苹果主要分布在高山带的中部。

在哈萨克斯坦范围内还有吉尔吉斯阿拉套山脉的北坡部分，该山脉的主峰在吉尔吉斯斯坦，在东部有博阿姆峡谷和楚河河谷把昆格尔阿拉套和外伊犁阿拉套分割开来。西部是塔拉斯河谷把塔拉斯阿拉套隔开，沿着吉尔吉斯阿拉套以楚河河谷为界形成了长而宽的北向坡地（40~50km），坡度陡，切割较严重，尤其在东北部的山前平原形成阶梯状的阶地，在这一带的中部山区生长着茂盛的野果林。

卡拉套山脉位于天山山系北部弓形构造的最西端，其位置在北纬 43°~50° 和东经

67°~70°之间，山脉的南部是复杂的低山系，海拔高度为 1600~1800m，野生苹果主要分布和生长在山脉西南坡地。

塔拉斯阿拉套主峰是天山北部的支脉，北部斜坡的顶部有些台地，南部坡度大，野苹果主要分布和生长在北面的河谷两侧。

9.2　哈萨克斯坦的自然条件

9.2.1　水文地理

哈萨克斯坦大部分属内陆河流，只有额尔齐斯河水系流入北冰洋。在哈萨克斯坦境内有许多内陆河流，如来自北部天山、准噶尔阿拉套和塔尔巴加台南坡大部分的水量流入巴尔喀什—阿拉库里流域，还有一些山间河流还没有达到这个流域在流向平原时就已经被灌溉和进入沙漠及内陆洼地。从塔尔巴盖台南面有叶尔金河、库萨克、乌尔托尔、哈腾苏等河流，沿准噶尔阿拉套北坡流向巴尔喀什湖有萨尔坎、毕因、阿克苏、依金苏等河流。

从外伊犁阿拉套北面有塔尔加尔河、卡斯克林、大小阿拉木图河、伊塞克河和吐尔河等。卡拉套水文地理系统由许多河流、小溪、泉水和个别湖泊构成，比较大的河流集中在卡拉套的南半部分，一端属于锡尔河流域，另一端形成毕库里泊群。塔拉斯阿拉套还有许多山间河流，如巴格勒、阿克苏、克什阿克苏、布谷卢图尔、巴拉巴拉布拉克等河流。野苹果广泛分布在较湿润的山间河谷地带。

9.2.2　气候

气候条件是受太阳辐射、大气环流控制以及各种复杂因素长期作用而形成的。哈萨克斯坦处于内陆区域，属于大陆性气候，空气相当干燥，大部分地区降水量很少、夏季炎热，哈萨克斯坦的南部冬季较短，北部较长。哈萨克斯坦东部和东南部山脉分布在不同的纬度区，塔尔巴盖台位于荒漠平原区，准噶尔阿拉套属北方荒漠区，南部主要是温带向暖温带的过渡区，最南边则是哈萨克斯坦西天山区域。

不同的高山地区气候形成不同的植被并且各具特色，从而决定了荒漠、平原、高山植被的多样性。在海拔 1000~1700m 的范围，降水量变化比较正常，即随着海拔高度增加，降水量也随之增加，太阳辐射量也随之增加。不同的坡向和坡度对微气候产生很大影响，将引起空气和土壤温度的差异和变化，南坡气温达到 20~25℃ 时，平均气温比北坡高 1.0~1.5℃。山区热量资源的变化与海拔高度有关，也与同一高度的不同坡向有关，在同一高度范围，不同坡向的热分布情况为北面最冷，其余依次为东向、西向和南向。

哈萨克斯坦山区野苹果主要分布区域大陆型气候特点突出，主要特点是东北部（塔尔巴盖台）山前森林带年平均气温 4.1℃，西南部（塔拉斯阿拉套）年平均气温可达到 9.2℃。一年中最冷的月份为 1 月份，外伊犁阿拉套月平均温度为 -3.8℃，塔尔巴盖台月平均温度为 -15.5℃；该地区最热的月份是 6 月份，准噶尔阿拉套月平均温度为 17.3℃，外伊犁阿拉套月平均温度为 22.4℃，在卡拉套极端最高温度为 45℃，塔拉斯阿拉套为 39℃。大气降水量波动范围很大，在卡拉套年降水量为 34.3mm，而在外伊犁阿拉套可达到 888mm。大部分降水主要出现在上半年，降水量最高是 5 月份，可达 43~150mm，野苹果林的构成和分布在很大程度上与降水量和气温变动密切相关。

9.2.3　土壤

山区土壤形成过程和高度有密切联系，山区土壤发育成草原型、森林草原型和草甸森林型土壤。草原土壤表现为较少腐化、轻度淋溶的黑钙土，森林草原土壤呈中度淋溶黑钙土、草甸森林型属于亚阿尔卑斯褐色森林土。野苹果林的分布由于生态土壤条件而表现出多种多样的状态，从海拔 850～900m 的低山带到海拔 2000m 陡峭山谷，从生长茂密野果林的肥沃黑钙土到生长稀疏果树的山地草原碳酸盐土，在陡峭的岩石上、在山麓的碎石堆中也生长有单株苹果树，分布较多的是低矮的灌木，外伊犁和准噶尔阿拉套的苹果林主要分布在土层深厚的草原淋溶黑钙土地带。塔尔巴盖台、塔拉斯阿拉套和卡拉套的野苹果则主要生长在砾石间发育较弱的栗钙土和少量生长在山间的黑钙土之上。

9.3　哈萨克斯坦山地植被及野果林的组成

哈萨克斯坦山区植物的分布规律，首先与海拔高度和地形关系密切，多数坡地都具有明显的植被景观。地域的条件（地形、坡向、坡度、光线强度及个别地段的湿度等）对植被的外观有很大的影响，并构成了镶嵌状的结构。

哈萨克斯坦山区植被可分为草原、草甸、稀疏林地以及山岩植物等，各类植被带互相之间都有不太明显的界限，边缘或界限一般都呈现出蜿蜒起伏的线条，森林上部的界限并不整齐。1962 年科洛文把高山地区地形结构归入北天山组，并划分为高山半荒漠带、草原带、落叶林和森林草甸带、阿尔卑斯嵩草草甸带及冰雪带。

外伊犁阿拉套的北天山山脉的森林带生长情况良好，但草原带都呈现出半稀疏植被状态，类似的情况在吉尔吉斯阿拉套北坡也有出现。

塔拉斯阿拉套和北天山山脉的植被分布带有所不同，高山地区自北向南（从塔尔巴盖台、萨乌拉到塔拉斯阿拉套）呈现地形结构变化，山体逐渐隆起和构造比较复杂。塔尔巴盖台南坡木本植物分布下缘为海拔 600～700m 区域，准噶尔阿拉套山是海拔 900～1100m，而外伊犁阿拉套北坡是 1200～1400m，塔拉斯阿拉套是 1500～1700m。

外伊犁阿拉套山区则划分为：海拔 600～700m 为荒漠带，海拔 1200～1400m 为草原带，海拔 1200～1600m 为阔叶林带，海拔 1600m 以上为针叶林带，再往上分为亚高山带、高山带和冰雪带。

在哈萨克斯坦东南部天然野果林分布多样化，集中分布在中部高山带海拔 800～2000m 的阔叶林群落的森林草甸、森林草原和草原带处，在野果林林缘上端有发育良好的草原和高山草甸组成的灌木群落。在卡拉套南部野苹果分布比较分散，而且数量不多，呈小片状或零星自然分布状态；在塔尔巴盖台中部地区、塔拉斯阿拉套和吉尔吉斯阿拉套野果林经常呈块状分布，在外伊犁和准噶尔阿拉套生长茂盛并形成集中的野果林。

野生的塞威氏苹果 Malus sieversii 是白垩纪—古第三纪亚热带子遗植物区系的组成部分，与吉尔吉斯苹果 Malus. kirghisorum、胡桃 Juglans rigia 等具有温生型的特点，常与吐尔盖植物群落及喜湿树种共生，均为古老和第三纪的原始物种。在旱生因素演替过程中，祖代是喜温生型的塞威氏苹果经过进化，其后代具备有旱生型野苹果植物的特征，这种植物在哈萨克斯坦山区旱生环境和地理条件下有着广泛的分布，与吉尔吉斯苹果相比因演化作用明显促进其耐旱适应性。例如，塞威氏苹果就占有广泛和明显的分布区域，从而形成很大的植物群落。吉尔吉斯苹果群落由于地形的限制，在现代地貌景观中位于从属地位，主要分布在外伊犁阿拉套和准噶尔阿拉套山区河谷地带，而红肉苹果 Malus niedzwetzkyana 在卡拉套，由于分布零散，因而没有形成较大的群落。

塞威氏苹果属于中生植物的自养树种，在具有广阔而良好生态的范围内形成优势种，其分布很广泛，但在哈萨克斯坦境内其分布带并不均匀，主要取决于生长地不同的生态条件和自然因素。塞威氏苹果在哈萨克斯坦的分布区是不连续的，最北面的分布区位于东北部谢米巴拉金斯克州草原林场境内的塔尔巴盖台中部山区的坡地；第二分布区是位于塔尔迪库尔干州境内准噶尔阿拉套海拔较低的北坡有深厚土壤的山前丘陵地区；第三分布区是在西南方向的阿拉木图州外伊犁阿拉套山地的北坡；再往西走，在江布尔州的吉尔吉斯阿拉套北坡分布区域为第四分布区；第五分布区位于卡拉套的东北坡；第六分布区位于塔拉斯阿拉套的西北坡。哈萨克斯坦以外，在吉尔吉斯斯坦境内费尔干纳和卡特卡里山山区的坡地也是塞威氏苹果的分布区之一。

总之，塞威氏苹果是一个分布很广的树种，不仅在哈萨克斯坦，而且在海拔 2300 ~ 2600m 的中亚、西部天山和帕米尔地区都有分布。中亚和哈萨克斯坦南部野苹果群落中有记录乔木和灌木近 30 种，草本植物达到 100 余种。野苹果和几种山楂共同构成苹果—山楂混合群落，在塔尔巴盖台山区伴生种有阿勒泰山楂 Crataegus altaica 和红果山楂 Crataegus sangurinea，在准噶尔外伊犁阿拉套也有广泛分布，在塔拉斯阿拉套野苹果林的伴生种则被中亚的种类土耳其山楂 Crataegus turkestanica 和山楂 Crataegus pontica 等所取代（表 9 - 3）。

表 9 - 3　哈萨克斯坦山区常见野生果树及伴生乔木和灌木

种类名称及学名	塔尔巴加台	准噶尔阿拉套	外伊犁阿拉套	塔尔巴加斯阿拉套
1. 塞威氏苹果 Malus sieversii（Ledeb）Roem.	+	+	+	+
2. 吉尔吉斯苹果 Malus kirghisorum Al.	-	+	+	-
3. 红肉苹果 Malus niedzwezkyana Dieck.	-	-	+	-
4. 欧洲山杨 Populus tremula L.	+	+	+	-
5. 苦杨 Populus laurifolia Ledeb.	+	+	+	-
6. 密叶杨 Populus talassica Kom.	-	-	-	+
7. 阿勒泰山楂 Crataegus altaica Lange.	+	+	+	-
8. 辽宁山楂 Crataegus songorica C. Koch	-	+	+	+
9. 土耳其山楂 Crataegus turkestanica Pojark.	-	-	-	+
10. 山楂 Crataegus pontica C. Koch	-	-	-	+
11. 野杏 Armeniaca vulgaris Lam.	-	-	+	-
12. 天山花楸 Sorbus tianschanica Rupr.	-	+	+	-
13. 花楸 Sorbus persica Hedl.	-	-	-	+
14. 稠李 Padus racemosa（Lam.）Gilib.	+	+	+	-
15. 天山槭 Acer semenovii Rgl. et Herd.	-	-	+	+
16. 野扁桃 Amygdalus ledebouriana Schecht.	+	-	-	-

（续）

种类名称及学名	塔尔巴加台	准噶尔阿拉套	外伊犁阿拉套	塔尔巴加斯阿拉套
17. 排氏桃 *Amygdalus petunnikovii* Litv.	−	−	−	+
18. 扁桃 *Amygdalus communis* L.	−	−	−	+
19. 多刺蔷薇 *Rosa spinosissima* L.	+	+	−	+
20. 宽刺蔷薇 *Rosa platyacantha* Schrenk.	−	+	+	−
21. 腺毛蔷薇 *Rosa fedtschenkoana* Rgl.	−	−	−	+
22. 忍冬 *Lonicera stenantha* Pojark.	+	+	+	−
23. 新疆忍冬 *Lonicera tatarica* Pojark.	+	+	+	−
24. 天山忍冬 *Lonicera tianschanica* Pojark.	−	−	−	+
25. 金丝桃叶绣线菊 *Spiraea hypericifolia* L.	+	+	−	+
26. 绣线菊 *Spiraea pilosa* Franch.	−	−	−	+
27. 药鼠李 *Rhamnus cathartica* L.	−	+	+	+
28. 小檗 *Berberis heteropoda* Schrenk.	+	+	+	+
29. 柳 *Salix macropoda* Stschegl.	+	+	+	−
30. 五裂茶藨 *Ribes meyeri* Maxim.	−	+	+	−
31. 覆盆子 *Rubus idaeus* L.	−	+	+	−

9.4　野果林群落的生态功能

　　森林群落可截留春季、夏季和秋季的大量降雨，有助于形成丰富含水的土壤构造层并有利于形成高大的林木树冠，剩余水分流向山间小溪及它们的分支河流之中。野果林群落中由无数灌木和小灌木的茂密枝条、苹果林群落厚实的树冠、良好发育的枝干、生殖器官以及叶片共同组成林下土壤的保护层，可阻止大粒雨滴和积雪对土壤形成覆盖保护，而发育很好的群落的根系则可以防止水土流失和坍塌，有助于保护山系土壤。野生果树林植物群落具有很好的气候调节作用，其一是在冬季形成的大量积雪，春天才逐渐溶化，水分得以均衡的分配；其二是在野果林植物群落中，由许多野蔷薇 *Rosa* sp.、金银花 *Lonicera japonica*、伏牛花 *Damnacanthus indicus*、鼠李 *Phamnus* sp. 等组成的灌木群落以及草本植物构成了相当大的林下植物群落和面积，并大量吸收地面径流和降水带来的水分。植被在水分蒸发时也向大气层提供部分水分发挥着重要的作用，在这个过程中，森林的作用更显重要。此外，森林对于蓄积大气降水以及防止地面径流对土壤的侵蚀等方面发挥着重要作用。

　　总之，野生果树植物的群落可形成特殊的小气候，在小气候的影响下可以改变气象条件、空气湿度、土壤中的水分分布和风的速度。

　　植物在土壤形成过程中发挥着重要的作用，可研究植物凋谢物中的元素数量与土壤中长期累积的各类物质之间的相关关系。在外伊犁和准噶尔阿拉套的苹果林落叶层蓄积量和凋谢物之比小于1，这说明在这种环境下凋谢物分解的过程是很快的，每年生产的有机物质全部分解直到下一个生长期。这是森林土壤灰分元素有效循环的基础和苹果林植物群落带山地黑钙土肥沃的主要原因之一。气候对森林土壤的影响通过森林群落体而发生变化，野苹果林群落改变着空气和土壤的水文状况并形成独特的小气候。由此看来土壤和小气候条件在很大程度上由森林群落进行调节并取决于木本植物的生物学特征，如树木的年龄和密度，林下灌木、草本覆盖物和落叶层的性质等因素。

9.5　野苹果的生理、生态特征

研究表明，野苹果林的平均密度是 20% ~ 25%，由于野苹果是喜光类植物，为了形成自己的果实器官和能够正常繁衍，经常可以发现野苹果零星分布的情况。

根据森林郁闭度测定表提供的资料，哈萨克斯坦山区野生苹果林平均覆盖情况为，疏林地疏密度为 0.1 ~ 0.2 的野苹果树覆盖面积占 9.3%，疏密度为 0.3 ~ 0.4 的覆盖面积为 40.2%，中等密度 0.5 ~ 0.6 为 32.2%，高度郁闭 0.8 ~ 0.9 为 6.8%。随着生物和非生物环境条件的影响，野苹果树的树冠大小变化与产量变化等都呈现多样性。在肥沃黑钙土的北坡，人类的影响较少，苹果林形成相当密集的群落，郁闭度达到 0.5 ~ 0.8（表 9 - 4）。

表 9 - 4　各山区森林郁闭度及野苹果林覆盖面积分配情况（%）

山系名称	郁闭度				
	0.1 ~ 0.2	0.3 ~ 0.4	0.5 ~ 0.6	0.7	0.8 ~ 0.9
塔尔巴盖台	–	43.8	42.6	13.6	–
准噶尔阿拉套	29.8	36.6	20.3	6.5	6.8
外伊犁阿拉套	11.1	3.86	28.5	10.3	11.5
塔拉斯阿拉套	5.4	44.6	21.2	16.7	12.1
卡拉套	–	37.6	48.2	10.3	3.9

根据树冠郁闭度进行测定树木的疏密度研究表明，在准噶尔阿拉套，外伊犁和塔拉斯阿拉套中部山地个别苹果林的郁闭度达到 0.8 ~ 0.9，有时可达到 1。山体的南坡主要是多砾石土壤，在急陡的坡面以及在多砾石的山麓地带野苹果林生长稀疏，其郁闭度平均在 0.2 ~ 0.4 之间。从森林覆盖面积分布的资料按照分级可以看出，V 和 Va 级野苹果林覆盖面积约占 0.8%，Ⅲ级和Ⅳ级为 60.3%，Ⅰ级和Ⅱ级为 38.9%（表 9 - 5）。

表 9 - 5　按森林地位级划分野苹果林覆盖面积情况及比例（%）

山系名称	Ⅰ ~ Ⅱ	Ⅲ ~ Ⅳ	V ~ Va
塔尔巴盖台	7.0	90.1	2.9
准噶尔阿拉套	69.2	30.8	–
外伊犁阿拉套	84.3	15.1	0.6
塔拉斯阿拉套	5.1	94.4	0.5
卡拉套	29.1	70.8	0.1

在自然界是很少见到野苹果纯林，并且野苹果的产量常受气候条件的影响，产量不稳定，产量下降的原因主要是严寒的天气所致，例如 1969 年在外伊犁阿拉套由于严重的霜冻冻死了相当多的花序。在放牧较多的苹果群落，结果的情况不太好，从而导致土壤条件

和苹果树生长状况恶化，在这种情况下，低矮树根当年萌发出新枝和枝芽被牲畜啃吃掉了。结果比较好的野苹果树周围长有浓密的有刺灌木丛，这些灌木不仅保护果树免遭牲畜的践踏和啃食，而且还对植物群落的微生物和土壤条件产生良好的作用。

春季，野苹果开花阶段，当气温降至 –8℃ 时，花蕾就会冻死。不同器官可忍耐低温的界限分别为花蕾为 –6℃，花朵为 –5 ~ –3℃，幼果为 –4 ~ –3℃。冰雹对果树影响较大，虽然冰雹较少发生，但 1973 年在海拔 1200m 处，大部分幼果就曾经遭受到冰雹的袭击，落果十分严重。

塔拉斯阿拉套的塞威氏苹果树属于中等产量的树种，考察工作表明，在整个分布区范围内没有见过绝对不结果的苹果树，在产量不好的年份，有些地段的结果状况与无性繁殖更新的情况相似仅为 1 ~ 2 级。高产的果树和产量不高的果树分布很不均匀，这与树木生长地环境多样性有关，也与树木的遗传性有关。野苹果树群落主要分布在中高山区海拔 1100 ~ 1500m 处，该区域分布有利于野苹果生长、发育和发展所需的水热条件、合适的黑钙土土壤，在这样的群落中，高产类型的苹果主要生长在海拔 1400m 以下的山地，高于海拔 1700m 则只有个别早熟型的植株才能成熟。在果实产量和土壤湿度之间存在一定的依存关系，野苹果结实的上限为海拔 1800 ~ 1900m 处。

地理隔离程度不仅取决于前述群落之间分布区的障碍，而且还取决于野苹果树的迁移性或者个体扩散的半径。尽管有些野苹果林看起来与外界有一定的隔离，但对于迁移性能好、能扩散较大地域的苹果群落仍然有利于自由交配。迁移取决于野苹果树一系列生物特点：花粉飞扬的距离和种子散布的距离，以及树根相连群丛繁殖等情况。

综上所述，可以说在中亚和哈萨克斯坦最北面的部分山系（塔尔巴盖台、准噶尔和外伊犁阿拉套）一带分布的野苹果具有明显的原始形态特征，在外伊犁阿拉套的野苹果存在着丰富的种内多样性。

塞威氏苹果的分布很广，不仅包括哈萨克斯坦的山区，而且还包括天山山脉的其它山体和有着多样化自然环境条件的帕米尔—阿尔泰地区，塞威氏苹果的分布从南至北的纬度跨越较大，形成了相当数量的各种不同起源的群落。所有的塞威氏苹果群落都以相当明显的特征区别于其它群落，例如：生长速度、抗寒性及早熟性等。

研究资料表明：塞威氏苹果形成的群落及周围环境组成了复杂的生境，在这种情况下，塞威氏苹果群落与吉尔吉斯苹果群落相比是比较优秀的树种，其特征和性能很容易产生变异以适应生长地的外部生活条件。野苹果生长的山区的生态环境中，光照度强度和不同群落生长地的水文状况的变化等因素，对果实形态的变化及产量等方面的会产生明显的影响。有资料表明，各种类型的野苹果树的耐寒性、抗病性、产量以及多态型、化学特性和果实加工特性等方面都有很大的区别。利用种内多样性可以作为提高天然林的产量、质量和稳定性的有效方法。栽培品种和野生苹果杂交，相互补充并获得各自的优良性状，成功选育 F1 是育种的有效途径之一。

在哈萨克斯野生苹果群落中，在易受苹果黑星病和白粉病严重感染的群落附近，存在有个别树木不受上述病原体的感染，毫无疑问，这些抗病性类型的产生是在感染的环境中进行自然选择的结果。在自然演化的过程中，天然野苹果群体对各种自然压力不断产生分化和变异，保留了免疫力很强的个体类型。

9.6 野苹果果实的成分分析

野苹果生物化学成分的研究工作是在 1948～1973 年间进行的，用于研究的苹果是在外伊犁阿拉套、准噶尔阿拉套、塔拉斯阿拉套、卡拉套和塔尔巴盖台野外考察时选取的，对照用的果实取自区域规划的苏伊斯列佩尔品种（早熟品种）、列勒特布尔哈尔特（中熟品种）和阿波尔特—阿列克桑德尔（晚熟品种）种植园的栽培品种。进行了有关野生苹果生物化学指标按照生长地区、营养生长年度的气候条件、成熟期及味道类型变化的研究，对果实进行以下项目的鉴定：干物质含量；还原糖、鉴定蔗糖的总含糖量；用碱法滴定测定滴定酸；用果胶钙重量法测定可溶性果胶、还原果胶及果胶质总含量；用聂依巴乌埃尔法测定鞣酸物质和染色物质；用直接重量法测定纤维素；用硫酸氢法测定 V_C；用香草酸法测定几茶酸总含量；用荧光测定 V_{B12} 和微量元素。分析结果如表 9－6。

表 9－6 塞威氏苹果和栽培苹果化学成分比较

| 果实类型 | 年 份 | 样品数量 | 干物质 | 糖 | | | 果胶质 | 纤维素 | 单宁及色素 | 滴定酸 | 糖酸 |
				单糖	蔗糖	总数					
野生苹果	1948	68	17.61	4.57	–	8.43	1.55	–	0.475	1.11	7.59
	1949	67	16.78	4.01	3.16	7.73	1.08	–	0.551	1.12	6.90
	1950	16	16.50	4.18	3.13	7.14	1.15	–	0.476	1.30	5.49
	1951	25	17.14	4.34	3.68	7.86	–	–	0.317	1.09	7.21
	1960	11	15.60	5.66	2.84	7.18	1.25	0.92	0.412	1.10	6.53
	1961	20	15.18	6.18	3.17	8.83	1.04	0.10	0.420	1.04	8.49
	1962	37	15.22	5.63	3.20	9.38	9.96	1.02	0.434	1.02	9.50
	1964	26	14.26	6.65	2.21	7.84	0.86	1.02	0.456	1.02	7.69
	1965	32	15.10	5.28	2.66	9.31	1.32	0.10	0.428	1.20	7.76
	1966	22	15.09	5.23	3.68	8.96	1.15	1.04	0.466	1.21	7.40
	1968	324	16.17	–	3.11	8.34	1.19	–	–	1.11	7.51
栽培苹果	1949	22	14.49	6.62	2.90	9.52	0.86	0.75	0.065	0.58	16.41

从表 9－6 可以看出，1948～1966 年塞威氏苹果中平均干物质含量比栽培苹果的含量要高，不同年份在 14.26%～17.61% 之间波动。1948～1949 年和 1951 年果实的干物质量最多。塞威氏苹果干物质平均含量与山定子和毛山定子有所区别，果实干物质含量分别为 32.53%，23.79% 和 32.53%，而栽培苹果果实的干物质量仅为 11.07%～14.80%，与塞威氏苹果的这个指标接近的野苹果在哈萨克斯坦为 10%～19%，在塔吉克斯坦为 15.91%。就可溶性糖的数量来说野苹果不如栽培苹果，糖含量的差别不大，为 1.18%，主要是由于单糖含量减少的原因，但在个别年份（1962 年和 1965 年）野苹果含糖量也不逊色于栽培品种，还发现许多种类的苹果有很高的含糖量。野生苹果充分的积累果胶质，根据多年资料，野苹果果胶质的含量要比栽培品种要高。

9.7 野苹果种质资源的保护

保护野苹果的种类和类型多样性，应在其自然分布地创造良好的环境条件，以保护野果林的生态环境、种群的结构和种群更新以及自然增加生物种类，而不能用人为的方法进行简单地繁殖。

野苹果是哈萨克斯坦东南部山区植被及生物地理群落构成的一部分，是珍贵的自然资源，已经形成该地区的主要景观。由于野苹果群落的作用使该地区形成了良好的气候、土壤和生态环境条件，同时野苹果群落具有丰富的多样性，是重要种质资源的分布地，其中许多材料可以直接用于遗传育种和新品种改良的育种工作。

保护哈萨克斯坦野苹果对于种下分类具有很重要的意义，甚至超出了地区意义的范围。当前区域性的开发急剧增长，不仅出现野生种消失和退化的危险，而且野生种形成的植物类型和植物群落也面临着危机，特别是许多Ⅲ和Ⅳ类型的森林斑块已被无重要生物意义的农业植物群落所代替，从而导致出现负面的经济效益和生态效益。

现在，野苹果分布地正遭受经济活动的严重影响，如在山区大量开采矿物和在林区不断增加用于居民疗养、休闲活动的设施及场所。在这些林区和山区绿地中生长着大量的野苹果，由野生果树植物组成的天然地理群落有明显重要的美学欣赏价值和意义，具有改善环境，增长有关林木的知识和为人们提供文化休闲活动场所等功能。但由于到林区和山区绿地人数过多和过频，影响和破坏了植物自然自我更新的稳定性，同时不断地砍伐和践踏，特别是对低矮层次林木的破坏，从而导致该地段的草原化，林下植物和小块森林密度变稀，树木更为稀疏和降低树木的寿命和生产力等。

保护野苹果种质资源的途径，可以通过保护富有生命力的种群和在生物地理群落中创建适合自然生存发展的环境条件来实现，这种保护是植被合理利用和使之更为丰富的重要课题之一，特别是保护那些与生存有关的基本地形要素和植物群落。自然保护区在保护生物种类和种内多样性方面有着特别重要的作用，但目前远远不能满足保护植物物种和植物群落多样性的要求，其中也包括野生果树林。外伊犁阿拉套的阿拉木图自然保护区和塔拉苏阿拉套阿克苏、江巴格林自然保护区主要是按区域规划引种的自然综合体。还应该对塔尔巴盖台岛屿状分布的塞威氏苹果给予重视，那里是哈萨克斯坦东北部塞威氏苹果的纯种地区。目前，哈萨克斯坦野果林分布地区没有一个是具有区域代表性的自然保护区，天然野果林群落不仅重要，而且这里具有重要的生物基因资源和储备，因而有必要建立若干个较为分散的小面积保护区构成保护区网络，这个网络应该涵盖包括类型多样化和地区多样化的各种野果林。

参 考 文 献

白铃, 阎国荣, 许正. 1998. 伊犁野果林植物多样性及其保护. 干旱区研究, 15 (3): 10 - 13.

晁无疾, 赵祥云. 1991. 秦巴山区野生果树种质资源研究概述. 果树科学, 8 (2) 119 - 123.

陈灵芝, 黄建辉编. 1997. 暖温带森林生态系统结构与功能的研究. 北京: 科学出版社.

陈灵芝, 陈清郎, 刘文华著. 1997. 中国森林多样性及其地理分布. 北京: 科学出版社.

陈灵芝主编. 1993. 中国的生物多样性——现状与保护对策. 北京: 科学出版社.

陈桐庵, 马来茹. 1993. 河北野生果树种质资源. 果树科学, 10 (4): 233 - 236.

陈西仓, 王晓春等. 1995. 甘肃麦积山林区野生果树种质资源. 果树科学, 12 (1): 54 - 56.

崔乃然, 等. 1991. 新疆野生果树及近缘资源. 见: 中国植物学会五十五周年年会论文摘要, 710.

崔乃然, 王磊, 林培钧. 1990. 新疆野生樱桃李的新类型. 新疆八一农学院学报, 13 (3): 78 - 88.

崔乃然. 1990. 新疆主要饲用植物志. 乌鲁木齐: 新疆人民出版社.

董玉琛. 1995. 生物多样性及作物遗传多样性检测. 作物品种资源, (3): 1 - 5.

傅立国. 1992. 中国植物红皮书. 北京: 科学出版社.

甘肃省农业科学院果树研究所编. 1995. 甘肃果树志. 北京: 中国农业出版社.

国家环境保护局自然保护司编. 1991. 珍稀濒危植物保护与研究. 北京: 中国环境科学出版社.

郝瑞. 1982. 长白山的野生果树种质资源. 园艺学报, 9 (3): 9 - 16.

何关福主编. 1996. 植物资源专项调查研究报告集. 北京: 科学出版社.

何永华. 1994. 我国 22 种野生蔷薇果实主要经济性状及重要维生素含量. 园艺学报, 21 (2): 158 - 164.

黄培佑, 潘卫斌, 李新平. 1985. 野巴旦杏的生态学生物学特征研究. 新疆大学学报, (2): 23 - 35.

蒋舜媛, 李朝銮. 1997. 川西山区苹果属 (Malus) 植物野生种表型相似性和地理亲缘. 应用与环境生物
    学报, 3 (3): 218 - 225.

景士西, 吴禄平. 1989. 果树种质资源研究着眼于种质. 北方果树, (3): 1 - 4.

景士西. 1993. 关于编制我国果树种质资源评价系统若干问题的商榷. 园艺学报, 20 (4): 353 - 357.

李殿波, 颜丽君. 1992. 黑龙江省的主要野果简介. 林业月报, (1): 4 - 5.

李国强, 赵永生, 等. 1994. 新疆伊犁山区的野生果树种质资源. 新疆农业科学, (4): 176 - 178.

李家福. 1990. 论野生果树资源及其开发利用途径. 北方园艺, (7): 7 - 9.

李江风主编. 1991. 新疆气候. 北京: 气象出版社.

李俊清. 1994. 植物遗传多样性保护及其分子生物学研究. 生态学杂志, 13 (6): 27 - 33.

李利民. 1997. 新疆野巴旦杏资源及其开发利用. 新疆农业科学, (3): 126 - 127.

李育农. 1989. 世界苹果和苹果属植物基因中心的研究初报. 园艺学报, 16 (2): 101 - 108.

李育农. 1999. 苹果起源演化的考察研究. 园艺学报, 26 (4): 213 - 220.

联合国环境规划署编, 姚守仁, 方雪琦, 白玲译. 1994. The Handbook of Ecological Monitoring. 北京: 中国
    环境科学出版社.

林凤起, 张冰冰等. 1990. 我国寒地苹果属植物种质资源的研究和利用 (综述). 吉林农业科学, (4):
    68 - 71, 76.

林培钧, 崔乃然. 1999. 天山野果林资源——伊犁野果林综合研究. 北京: 中国林业出版社.

林培钧, 林德佩, 王磊. 1984. 新疆果树的野生近缘植物. 新疆八一农学院学报, (4): 25 - 32.

林培钧. 1990. 野杏林 (新疆森林). 乌鲁木齐: 新疆人民出版社.

林培钧 . 1993. 天山伊犁野果林在人类生态和果树起源上的位置 . 农业考古，（1）：133 – 137.

刘建国 . 1987. 新疆树木区系及其生态地理分布 . 干旱区研究，4 （2）：19 – 23.

刘剑秋 . 1993. 福建省野生果树种质资源研究 . 国土与自然资源研究 . （4）：69 – 71.

刘克明 . 1994. 湖南野生果树种资源及其评价 . 湖南师范大学自然科学学报，17 （3）：72 – 76，82.

刘立诚，排祖拉，徐华君 . 1997. 伊犁谷地野果林下的土壤形成及其分类 . 干旱区地理，20 （2）：
　34 – 40.

刘孟军主编 . 1998. 中国野生果树 . 北京：农业出版社 .

刘鹏，吴国芳 . 1997. 安徽大别山的野生果树种质资源 . 华东师范大学学报，9 （2）：39 – 43.

刘兴诗，林培钧 . 1993. 伊犁野果林生境分析和发生探讨 . 干旱区研究，（3）：28 – 30.

路安民 . 1982. 论胡桃科植物的地理分布 . 植物分类学报，257 – 270.

吕英民，王秀芹 . 1993. 我国杏的种质资源及其开发利用 . 中国野生植物资源，（4）：30 – 33.

罗福贤 . 1996. 南山区李种质资源果实形态分类及开发利用 . 贵州农业科学，24 （3）：39 – 42.

马克平 . 1993. 试论生物多样性的概念 . 生物多样性，1 （1）：20 – 22.

蒙晞，胡光先 . 1991. 临夏地区的野生果树种质资源 . 园艺学报，18 （1）：1 – 8.

苗平生 . 1990. 海南省野生果树种质资源 . 园艺学报，17 （3）：169 – 176.

牛立新，张延龙 . 1992. 略谈苹果种质资源的研究 . 北方果树，（4）：3 – 5.

裴颜龙，葛颂 . 1996. 野生大豆遗传多样性研究 14 个天然居群等位酶水平的分析 . 大豆科学，15 （4）：
　302 – 309.

青木二郎编（曲泽洲，刘汝诚译）. 1984. 苹果的研究［日文］. 北京：农业出版社 .

任庆棉，刘捍中，等 . 1993. 我国苹果属部分种质资源矮化性能的鉴定 . 中国果树，（4）：20 – 21.

任庆棉 . 1990. 我国苹果属植物种质资源研究进展 . 山西果树，（3）：2 – 4.

佘定域 . 1994. 巩留野核桃林土壤的形成及其特征特性 . 干旱区研究，11 （2）：11 – 15.

史永忠，邓秀新 . 1997. RAPD 技术与果树种质资源及育种研究 . 中国果树 . （2）：46 – 48，56.

世界资源研究所（WRI）等 . 1992，中国科学院生物多样性委员会译 . 1993. 全球生物多样性策略 . 北京：
　中国标准出版社 .

舒正义，左力等 . 1996. 西藏果树病害种类分布 . 西南农业大学学报，18 （2）：165 – 169.

孙华 . 1979. 我国果树种质资源 . 西北农学院学报，（2）：1 – 18.

孙云蔚编 . 1983. 中国果树与果树资源 . 上海：上海科技出版社 .

瓦维洛夫著，董玉琛（译）. 1982. 主要栽培植物的世界起源中心 . 北京：农业出版社 .

王家友 . 1986. 伊犁野生核桃的初步调查 . 新疆林业，（3）：3 – 5.

王磊，崔乃然，张汉斐 . 1997. 新疆野核桃的研究 . 干旱区研究，14 （1）：17 – 27.

王磊 . 1989. 新疆野苹果和新疆野杏 . 新疆农业科学，（5）：18 – 19.

王磊 . 1990. 新疆野核桃、野樱桃李和野扁桃 . 新疆农业科学，（1）：33 – 34.

王磊 . 1990. 新疆野山楂，野欧洲李，野蔷薇等野生果树资源 . 新疆农业科学，（2）：78 – 80.

王遂义，张庆连等 . 1992. 河南野生果树种质资源 . 果树科学，9 （4）：239 – 242.

王宇霖编著 . 1988. 落叶果树种类学 . 北京：农业出版社 .

王中仁 . 1996. 植物等位酶分析 . 北京：科学出版社 .

吴耕民 . 1984. 中国温带果树分类学 . 北京：农业出版社 .

吴经柔 . 1989. 新疆的抗寒果树种质资源 . 干旱区研究，（4）：19 – 27.

吴征镒 . 1991. 中国种子植物属的分布区类型 . 云南植物研究 . 增刊 IV：1 – 139.

郗荣庭，张毅萍主编 . 1992. 中国核桃 . 北京：中国林业出版社 .

郗荣庭，张毅萍主编 . 1994. 中国果树志（核桃卷）. 北京：中国林业出版社 .

郗荣庭 . 1981. 关于我国核桃起源问题的商榷 . 中国果树，（4）：47 – 50.

辛树帜.1962.中国果树历史的研究.北京：农业出版社.

新疆八一农学院编著.1982.新疆植物检索表（第一册、第二册）.乌鲁木齐：新疆人民出版社.

新疆八一农学院编著.1983.新疆植物检索表（第三册）.乌鲁木齐：新疆人民出版社.

新疆地理学会.1993.新疆地理手册.乌鲁木齐：新疆人民出版社.

新疆生产建设兵团农业局编.1991.新疆兵团果树品种志.乌鲁木齐：新疆人民出版社.

新疆生物土壤沙漠研究所编.1977.新疆药用植物志（第一册）.乌鲁木齐：新疆人民出版社.

新疆生物土壤沙漠研究所编.1981.新疆药用植物志（第二册）.乌鲁木齐：新疆人民出版社.

新疆生物土壤沙漠研究所编.1984.新疆药用植物志（第三册）.乌鲁木齐：新疆人民出版社.

新疆维吾尔自治区国土整治农业区划局编.1986.新疆国土资源.乌鲁木齐：新疆人民出版社.

新疆植物志编辑委员会.1992.新疆植物志（第一卷）.乌鲁木齐：新疆科技卫生出版社.

新疆植物志编辑委员会.1994.新疆植物志（第二卷）.乌鲁木齐：新疆科技卫生出版社.

新疆植物志编辑委员会.1996.新疆植物志（第六卷）.乌鲁木齐：新疆科技卫生出版社.

徐德炎，朱晓专.1991.新疆野核桃生存繁衍的生态条件研究.中国林副特产，（4）：1－6.

徐德炎.1989.新疆野核桃生态气候特征的研究.生态学杂志，8（4）：24－27.

严兆福，林培钧.1990.新疆森林：野核桃林.乌鲁木齐：新疆人民出版社.

严兆福.1994.新疆核桃.乌鲁木齐：新疆科技卫生出版社.

阎国荣，张立运，许正.1999.天山野果林生态系统受损现状与保护.干旱区研究，16（4）：1－4.

阎国荣.1996.新疆野生果树资源与生物多样性保护.干旱区研究，13（1）：64－65.

阎国荣等.1998.新疆天山落叶阔叶林植物多样性及其保护.日中共同研究保护环境成果发表会论文集，
日本筑波，130－133.

阎国荣等.1998.新疆野苹果在我国的自然分布及现状.见：中国植物学会六十五周年大会论文摘要.
306－307.

阎国荣等.1998.野生樱桃李易地保护研究.见：中国植物学会六十五周年大会论文摘要.606－607.

阎顺.1991.新疆第四纪孢粉组合特征及植物演替.干旱区地理，14（2）：1－9.

阳含熙.1981.植物生态学的数量分类方法.北京：科学出版社.

杨克钦，马智勇.1992.国家果树种质资源数据库的建立.中国果树，（4）：34－36.

杨佩芳.1992.野生果树的营养及医疗价值.山西农业大学学报，12（3）：228－232.

杨晓红，等.1992.新疆野苹果 Malus sieversii（Ldb.）Roem 花粉形态及其起源演化研究.西南农业大学学
报，14（1）：45－50.

叶玮.1999.新疆伊犁地区黄土的沉积特征与古气候研究.中国科学院兰州沙漠所.博士学位论文.
125－129.

余德浚.1978.中国果树分类学.北京：农业出版社.

余德浚.1984.落叶果树分类学.上海：上海科学技术出版社.

俞德浚.1981.中国蔷薇科植物分类之研究.植物研究，1（4）：1－32.

袁国映，李卫红编著.1998.新疆自然环境保护与保护区.乌鲁木齐：新疆科技卫生出版社.

张桂表，任立昌.1991.大兴安岭林区的野生果树（五）.现代林业，（3）：21－22.

张桂表，任玉昌.1990.大兴安岭的野生果树（四）.现代林业，（9）：20－21.

张桂表，任玉昌.1992.大兴安岭林区的野生果树（六）.现代林业，（3）：23－24.

张加延，周恩主编.1995.中国果树志（李卷）.北京：中国林业出版社.

张家恩，徐琪.1999.恢复生态学研究的一些基本问题探讨.应用生态学报，10（1）：109－113.

张立运，潘伯荣.2000.新疆植物资源评价及开发利用.干旱区地理，23（4）：331－336.

张喜春，白明霞.1996.前苏联森林中野生乔木果树种类及分布.北方园艺，（1）：24－27.

张小曼，欧阳珊，等.1994.甘肃果树种质资源（二）.甘肃农业科技，（5）：18－23.

张小曼，欧阳珊，等．1994．甘肃果树种质资源（一）．甘肃农业科技，（4）：16－20．

张欣，张英臣．1997．黑龙江省野生浆果类果树资源．作物品种资源，（3）：18－19．

张新时．1959．东天山森林的地理分布．见：新疆维吾尔自治区的自然条件（论文集），北京：科学出版社．

张新时．1973．伊犁野生林的生态地理特征和群落等问题．植物学报，15（2）：239－253．

张毅，杨兴华．1996．山东果树种质资源．山东林业科技，（3）：7－11．

张钊，林培钧．野苹果林（新疆森林）．1990．乌鲁木齐：新疆人民出版社．

张钊，严兆福．1985．新疆野生核桃的调查研究．新疆农业科学，（10）：404－407．

张钊．1982．新疆的苹果．乌鲁木齐：新疆人民出版社．

张钊．1985．新疆杏的种质资源．果树科学，（3）：18．

张作民，王丽雪，余茂莉，赵金枝．1985．内蒙古的野生果树种质资源．中国果树，25（3）：25－28．

赵焕淳，丰宝田主编．1994．中国果树志（山楂卷）．北京：中国林业出版社．

赵士洞．1997．生物多样性科学的内涵及其基本问题——介绍"DIVERSITAS"的实施计划．生物多样性，5（1）：1－4．

中国科学院登山科学考察队．1978．天山托木尔峰地区的冰川与气象．乌鲁木齐：新疆人民出版社．

中国科学院登山科学考察队．1978．天山托木尔峰地区的地质与古生物．乌鲁木齐：新疆人民出版社．

中国科学院登山科学考察队．1978．天山托木尔峰地区的生物．乌鲁木齐：新疆人民出版社．

中国科学院登山科学考察队．1978．天山托木尔峰地区的自然地理．乌鲁木齐：新疆人民出版社．

中国科学院生物多样性委员会．1994．生物多样性研究的原理与方法．北京：中国科学技术出版社．

中国科学院新疆资源开发综合考察队．1989．新疆生态环境研究．北京：科学出版社．

中国科学院新疆资源开发综合考察队．1989．新疆水资源合理利用与供需平衡．北京：科学出版社．

中国科学院新疆资源开发综合考察队．1989．新疆土地资源承载力．北京：科学出版社．

中国科学院新疆资源开发综合考察队编．1994．新疆瓜果．北京：中国农业出版社．

中国科学院新疆综合考察队．1978．新疆植被及其利用．北京：科学出版社．

中国科学院中国植物志编辑委员会 编著．1988．中国植物志（第七十二卷）．北京：科学出版社．

中国科学院中国植物志编辑委员会 编著．1988．中国植物志（第三十八卷）．北京：科学出版社．

中国农业科学院果树研究所．果树种质资源目录．1993．北京：农业出版社．

中国生物多样性国情研究报告编写组．1998．中国生物多样性国情研究报告．北京：中国环境科学出版社．

中国植被编辑委员会．1980．中国植被．北京：科学出版社．

中国自然资源丛书编撰委员会编．1995．中国自然资源丛书 新疆卷（41）．北京：中国环境出版社．

周劲松，郭书贤．1992．青海蔷薇科野生果树种质资源．青海农林科技，（3）：67－73．

周劲松，郭书贤．1994．青海野生果树种质资源概况．青海科技，1（2）：18－23．

周立伟，吴乃虎．1995．分子生物学技术在濒危植物遗传多样性研究中的应用．生物工程进展，15（4）：22－25．

朱京林．1983．新疆巴旦杏．乌鲁木齐：新疆人民出版社．

A．C．塔塔林采夫主编（王宇霖译）．1965．果树与浆果作物育种及品种研究．北京：农业出版社．

Avinoam Nerd, James A. Aronson and Yosef Mizrahi. 1992. Introduction and Domestication of Rare and Wild Fruit and Nut Trees for Desert Areas. Arid Zone Research, 9 (3): 11 ~ 15.

Batisse, M. 1986. Developing and Focusing the Biosphere Reserve Concept. Nature and Resources, 22: 1 ~ 10.

D. Djangallev. 1977. The Wild Apple Tree of Kazakhstan《Nauka》Publishing House of Kazakh SSR Alma － Ata.

di Castri, F. 1990. Ecosystem Function of Biological Diversity. Biology International（Special Issue No. 22）.

Faure D Aa, & P Olwell. 1992. Scientific and Policy Considerations in Restoration and Reintroduction of Endangered Species. Rhodora 94: 287 ~ 315.

Guries R P and Ledig F T. 1982. Genetic Diversity and Population Structure in Pitch Pine (*Pinus rigida* Mill.).
Evolution, 36: 387 – 402.

IUCN/UNEP/WWF. (IUCN/UNEP/Worldwide Fund for Nature). 1980. World Conservation for Strategy: Living Resource Conservation for Sustainable Development. IUCN, Gland, Switzerland.

James J Luby. 1997. Collecting and Managing Wild Malus Germplasm in its Center of Diversity. HortScierce, 32 (2): 173 ~ 176.

Lamboy W F, Yu J, Forsline P L & N F Weeden. 1996. Partitioning of Allozyme Diversity in Wild Populations of (*Malus sieversii L.*) and Implications for Germplasm Collection. Journal of the American Society for Horticultural science. Nov. 1996. Vol. 121, No. 6: 982 – 987.

Mc. Neely J A. 等编著(李文军等译). 1992. 保护世界的生物多样性. 生物多样性译丛(一). 北京:中国科学技术出版社. 195 – 236.

Nei M. 1973, Analysis of Gene Diversity in Subdivided Population, Proc. Nat. Acad. Sci., 70: 3321 – 3323.

Nei M. 1975. Molecular Population Genetics and Evolution, North – Holland, Amsterdam..

Nokolic D & M Ticje. 1983. Isozyme Variation Within and Among Population of Eropean Black Pine (*Pinus nigra* Arnold). Silvae Genetica, 32: 80 – 89.

Parker K G. 1979. Common Names of Apple Diseases. Phytopathology News, 13: 127 – 128.

Ponomarenko V V. 1979, Note on *Malus sieversii* (Ledeb.) M. Roem. (Rosaceae) Wild apple. Botanicheskii zhurnal SSSR, 64 (7): 1047 – 1050.

Ponomarenko V V. 1986. Review of Species Comprised in the Genus *Malus* Mill. Bul. Applied Botany, Genetics and Plant Breeding, 106: 3 – 27.

Ponomarenko V V. 1987. History of Apple *Malus domesitica* Borkh. Origin and Evolution. Bot. zh. USSR 76: 10 – 18.

Richard B. Primack 著(祁承经主译). 1996. 保护生物学基础, 湖南科学技术出版社. 262 – 268.

Soule M E. 1985. Conservation and the " Real World", In M. E. Soule (ed.), Conservation Biology. Sinauer Association, Inc, Publishers, 1 – 12.

Tetsuro Sanada etc. 1996. Fruit Tree Germplasm in North Caucasia and Turkmenistan. A Report of Explorations in Vietnam, Russia and Central Asia, 65 – 70.

Western D and M C Pearl. (eds.). 1989. Conservation for the twenty – First century. Oxford: Oxford University press.

WRI et al. (马克平等译). 1992. 全球生物多样性策略. 北京:中国标准出版社.

Yan Guorong, et al. 1999. Conservation of the Wild Fruit Ecosystem in the Tianshan Mountains of Xinjiang. China. Bulletin of Faculty of Agriculture of Shizuoka University, No. 49: 9 ~ 13.

Yan Guo – rong. 1995, Studies on Relationship of Several Malus Species Using Morphological Characteristic of Leaf and Isozyme Analysis. MASTER THESIS of Graduate School of Agriculture Shizuoka University, Japan.

В. В. Пономаренко. 1980. Современное состояние проблемы происхожденчя яблони домашней – *Malus domestica* Borkh., Труды по прикладной отанике генетикеи селекци, Том67, Выд, 1: 11 – 21.